KB074189

THE SIMPLE LIFE

# 단순한 삶이 나에게 가져다준 것들

SIMPLIST SEIKATSU
© Tommy 2022
Originally published in Japan in 2022 by CrossMedia Publishing Inc.,TOKYO.
Korean translation copyright ©2024 by E*PUBLIC
Korean Characters translation rights arranged with CrossMedia Publishing Inc.,TOKYO,
through TOHAN CORPORATION, TOKYO and Eric Yang Agency, Inc., SEOUL.

이 책의 한국어판 저작권은 Eric Yang Agency, Inc를 통해
CrossMedia Publishing Inc.와 독점 계약한 (주)이퍼블릭에 있습니다.
저작권법에 의하여 한국 내에서 보호를 받는 저작물이므로
무단 전재와 무단 복제를 금합니다.

THE SIMPLE LIFE

# 단순한 삶이 나에게 가져다준 것들

심플리스트의 행복

토미 지음 · 배운숙 옮김

로그인

| 일러두기 |

* 본문에 나오는 단행본과 만화는 모두 《 》로 표시했습니다.
* 본문과 같은 크기의 괄호는 작가의 말, 괄호 안의 작은 글씨는 옮긴이와 편집자의 주석입니다.

# 프롤로그 세상에서 가장 쾌적한 공간

우리 집에는 텔레비전이 없다. 소파도 없다. 청소기는 커녕 전기밥솥도 없다. 반면, 의자는 다섯 개고 조명도 네 개나 있다.

언뜻 물건이 적은 것 같아 보여도 미니멀리스트치고는 뭐가 많다.

누군가는 불편함을 느낄 수도 있겠지만 물건에 대한 호불호가 분명한 나에게는 이보다 더 편한 곳이 없다. 나의 '취향'에 꼭 맞는 공간이기 때문이다.

**'나만의 취향을 충분히 누리면서 그 외의 것들은 말끔히 치우고 가뿐히 지내는'** 지금의 이 생활이야말로 넘쳐나는 정보들로 어지러운 오늘날을 슬기롭게 살아가는 가장 쉬운 방법이라 생각한다.

내가 바라는 것은 거창하지 않다. 그저 하루하루를 기분 좋게 지내고 싶을 뿐이다. 내가 추구하는 생활 방식과 업무 스타일을 계속해서 고수하는 건 이런 연유에서다.

돌아보면 내가 행복을 느끼는 순간은 집에서 느긋하게 라디오를 듣고, 책을 읽고, 차를 마시며 집 안의 인테리어를 바라볼 때다. 내가 생각해도 나는 집에서 쉬는 걸 참 좋아한다. 여행을 떠나 호텔에 묵는 것도 좋아하고 나들이도 즐겨 하지만 역시 집에 돌아와야 마음이 놓인다. 자연스럽게 어떻게 하면 **우리 집을 세상에서 가장 쾌적한 공간으로 가꿀 수 있을지 줄곧 생각하게 됐다.**

그렇다고 해서 내가 호화로운 저택에 사는 건 아니다. 35㎡ 원룸 맨션에 파트너와 함께 둘이서 살고 있다. 결코 넓다고 할 수 없는 월셋집에서 시행착오를 거듭하며 찾아낸 결론은 아끼는 의자와 조명처럼 인테리어의 중심이 되는 가구와 종이의 질감이 고스란히 느껴지는 책, 그리고 매일 쓰는 생활용품만큼은 질 좋고 마음에 쏙 드는 것을 들이고, 대신 없어도 그만인 것들은 가뿐해지도록 말끔히 비우는 생활 방식이었다.

'나를 중심으로 취사선택'하는 이런 생활 방식은 일할 때는 물론이고 일상을 살아가는 데에도 꽤 유용하다. 아무리 해도 절대 호감이 가지 않는 집안일은 되도록 간소화하고 필요 이상의 약속이나 모임도 줄인다. '하고 싶지 않은 일'을 줄인 대신 그렇게 해서 생긴 시간과 에너지를 '마음 가는 일'에 더 쏟는다. 그 결과, 하루하루가 즐겁고 지금까지의 인생 중 지금이 가장 만족스럽다.

**인생에서 정말로 소중한 건 사실 그리 많지 않다.** 하지만 우리는 타인의 시선을 지나치게 신경 쓰고, 가진 것에 만족하기보다 남이 가진 것을 부러워하고, SNS에 올라오는 정보를 좇느라 필요 이상으로 복잡하게 살고 있는 것 같다.

스스로를 기준으로 삼아 조금 더 자유롭게 살아도 된다. 왜냐고? 이건 내 인생이니까! 중요하지 않은 건 생각하지 않아도, 얽매이지 않아도 괜찮다. 그런 데 시간을 낭비하기에는 우리 삶은 그리 길지 않다.

나에게 가장 소중한 것이 무엇인지 알고 그 외의 것들은 속 시원히 떨쳐내 이것저것에 욕심내지 않는 삶. 이 밑바탕에는 미니멀리즘이 깔려 있긴 하지만, 미니멀리즘이라는 개념에조차 얽매이지 않는 라이프 스타일이 지금 내가 추구하는 심플한 삶의 본질이다.

나는 한때 미니멀리즘을 추구했고 지금도 사고의 밑바탕에는 미니멀리즘이 깔려 있다. 미니멀리스트라는 존재에 처음으로 눈뜬 건 사사키 후미오의 책《나는 단순하게 살기로 했다》 덕분이었다. 잠은 접이식 매트리스에서 자고 그릇은 손에 꼽을 만큼만 있는 휑한 방. 표지 속 텅 빈 방 사진이 인상적인 이 책은 TV 방송을 비롯한 여러 매체에 소개되었고 이제는 미니멀리스트라고 하면 그 텅 빈 방이 상징처럼 떠오른다.

사사키 후미오는 미니멀리스트를 '자신에게 정말로 필요한 물건이 무엇인지 아는 사람', '소중한 것을 위해 다른 물건을 줄이는 사람'으로 정의하면서 소중한 것과 필요한 것의 기준은 저마다 다르다고 덧붙였다.

그런데 이 '미니멀리스트'라는 말이 사람들에게 널리 퍼지면서 그저 물건을 적게 가지고 있어야 미니멀리스트라는 단편적인 이미지만 덩그러니 남게 되었다. 물건을 버리는 것 자체가 목적이 아니건만 불편을 감수하면서까지 필요한 물건마저 버리려 한다. 예전의 내가 그랬듯이 말이다.

미니멀리즘이라는 말의 바탕이 되는 단어 미니멀(Minimal)은 수와 양이 최소한인 상태를 말한다. 이와 반대로 최대한의 상태를 의미하는 게 맥시멀(Maximal)이다. 이 두 단어는 수와 양의 크고 작음에 초점이 맞춰져 있다. 그러니 미니멀리스트라고 하면 가진 물건의 수와 양을 어떻게 줄일지를 우선시 하는 사람이라고 풀이하는 게 어원과 현실에 모두 맞을 것 같다.

그렇다면 비슷한 말인 '심플리스트'와 '심플 라이프'는 어떨까? '심플'은 디자인 쪽에서 자주 쓰는 말이다. 어떤 디자인을 두고 심플하다고 하면 표현이 본질적이고 꾸밈없음을 뜻한다. 물리적 현상이든 사람의 마음이든 세상은 복잡하다. **'심플'이란 혼란스럽고 복잡하게 얽힌 요소를 풀어헤쳐서 본질을 콕 짚어내 말끔히 정리된 상태**를 말한다. 그러니 심플리스트는 자신과 관련된 것들에 우선순위를 매겨 본인이 좋아하는 것을 추구하는, **스스로에게 충실한 사람**이라고 할 수 있다. 멋져 보이려고 어울리지 않는 옷을 입거나 남들의 평가에 연연하기보다는 자기 기준에서 판단하고, 자신에 대해 잘 아는 만큼 자기답지 않은 선택지를 잘 걸러낸다.

물건이든 일이나 인간관계에서든 불필요한 것을 버리는 이유는 가장 소중한 것에 마음을 쏟기 위해서다. 무엇을 얼마나 많이 가졌는지는 별로 중요하지 않다.

'단순-복잡', '미니멀-맥시멀'을 축으로 2차원 좌표를 만들면 물건과의 관계를 크게 네 가지로 정리할 수 있다.

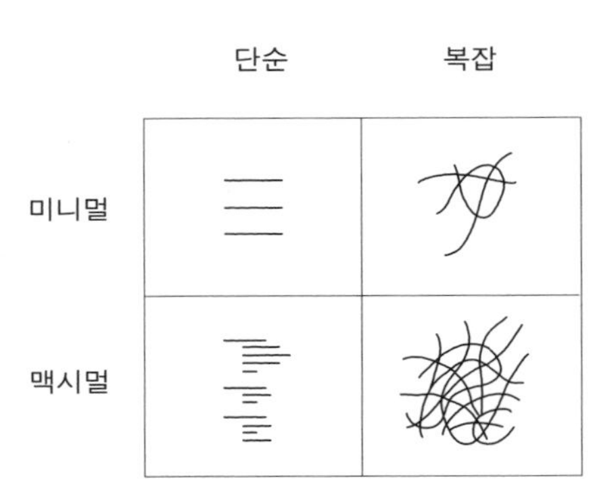


### 단순×미니멀

- 자신에게 무엇이 필요하고 불필요한지 알고, 필요한 물건만 최소한으로 두고 지낸다.
- 집은 좁아도 마음은 넉넉하다. 자기 마음에 귀 기울일 줄 안다. 정말로 소중한 것들과 사람들에게 둘러싸여 있으며 하고 싶은 일을 직업으로 삼으며 지낸다.

### 단순×맥시멀

- 무엇을 좋아하고 소중히 여기는지 명쾌하게 정리되어 있다.
- 물건이 많지만 넉넉한 수납공간에 잘 정돈되어 있어서 필요할 때 바로 꺼내 쓸 수 있다.
- 호기심이 많아 취미가 다양하고, 시간을 따로 내어 취미를 즐긴다.

### 복잡×미니멀

- 무엇이 소중하고 편안한지 생각하기보다 물건 줄이기를 우선시한다.
- 미니멀리스트가 멋져 보여서 덩달아 물건을 버려보지만, 미니멀리스트라면 응당 이래야 한다는 고정관념에 사로잡혀서 정작 자기 기준이 없다.

### 복잡×맥시멀

- 정리 정돈되지 않은 집에 버거울 만큼 많은 물건이 뒤엉켜 있어서 어디에 무엇이 있는지 알지 못한다.

- 좋아 보여서 사긴 했는데 금방 질려서 더 비싼 걸 사고 싶다.
- 물건이 한 트럭이고, 물건들에 치이며 지낸다.

나 역시 한창 미니멀리즘에 푹 빠져 있었을 때는 물건을 줄이는 것에만 혈안이 되어 더 버릴 물건은 없는지 늘 두리번거렸다. 맘에 드는 가구와 인테리어 소품을 발견하거나 취미 삼아 해보고 싶은 일이 생겨도 집에 물건이 늘어난다는 이유로 단념하기 일쑤였다. 앞서 설명한 표로 치면 '복잡×미니멀'의 상태였다. 물건 버리기에만 골몰해 정작 나의 마음은 뒷전이었던 셈이다.

하지만 이런 생활을 정말로 행복한 삶이라 할 수 있을까? '우리는 보고 느끼기 위해 태어난 게 아니던가.' 이런 생각이 들고부터는 '무조건 버리기'에서 '여유롭고 편안한 마음 상태'로 서서히 기준점을 옮기기 시작했다.

물론 지금도 안락하게 지내기 위해서 버리는 행위는 꼭 필요하다고 생각한다. 하지만 버리는 게 목적이 되어 새로운 일에 도전하고 변화하는 데 걸림돌이 된다면 앞뒤가 바뀐 게 아닐까. 정말로 소중한 물건이라면 많아진다고 걱정할 이유가 없다.

* * *

| 미니멀리스트<br>(과거의 나) | 심플리스트<br>(지금의 나) |
|---|---|
| 더 적게, 더 여유롭게, 더 가뿐하게 | |
| 어떻게 줄일 수 있을까? | 어떻게 마음 편히 지낼까? |
| 물건이 적다는 행복 | 맘에 드는 물건을 아끼는 행복 |
| 물건 수 줄이기 | 나 자신에게 솔직하기 |
| 쓰는가 안 쓰는가 | 아름다운가 그렇지 않은가 |
| 깨끗이 비우기 | 꽃 한 송이 꽂아두기 |
| 효율을 극대화한다 | 여백을 만끽한다 |

소개가 늦었다. 나는 디자이너이자 다양한 시행착오 끝에 얻은 생활 노하우를 유튜브 채널 도쿄 심플 라이프(@TokyoSimpleLife)에서 구독자들과 나누고 있는 토미(Tommy)라고 한다.

꿈꾸던 생활과 업무 스타일을 찾기 위해 줄곧 노력해온 사람으로서 지금의 내가 생각하는 '삶을 안락하게 만들어주는 물건, 시간 활용법, 인테리어에 관한 생각과 이를 정리정돈하는 구체적인 방법'을 일상과 업무, 즉 '라이프'와 '워크'에 걸쳐 글로 정리해보았다.

예전의 내가 그랬던 것처럼, 하루하루를 홀가분하게 보내며 인생을 한층 즐기고 싶지만 어디에서부터 손대면 좋을지 몰라 망설이는 분들에게 이 책이 실마리가 되면 좋겠다. 이런 작은 희망을 안고서 오늘도 내가 가장 아끼는 공간, 집에서 아끼는 의자에 앉아 글을 쓴다.

Tommy

차례

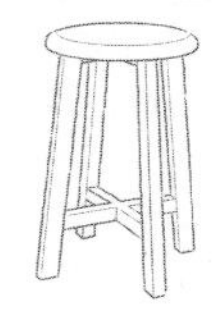

# Chapter 2
## 정리의 실천, 물건 버리기

## Chapter 3

### 집안일을 단순하게 만드는 작은 습관



## Chapter 4

### 자유롭고 단순하게 일하기

## Chapter 5 소소한 인테리어 즐기기

# 물건과 생활, 단순하게 잇기

Chapter 1

물건을 버리는 궁극적인 이유는 행복하기 위해서다.
물건을 버릴 때마다 고통스럽고 삶의 만족도가 떨어진다면
그게 다 무슨 소용일까 싶다.

# 가뿐하고 경쾌하게 산다

얼마 전부터 등산을 시작했다.

필요한 것들을 배낭에 담아 산에 오른다. 정상에 올라 먹는 밥은 꿀맛이니 버너와 코펠을 챙기고 땀이 날 테니 갈아입을 옷도 챙긴다. 산 날씨는 변덕이 심하니까 비에도 대비해야 하고 야생동물이나 해충을 만날 수도 있으니 퇴치용품도 필요하다. 배낭은 점점 묵직해진다.

배낭이 무거우니 자연스레 발걸음도 무겁다. 즐거워야 할 경치 감상은 더는 즐길 만한 게 못 된다. 나를 지키기 위한 물건이 어느새 부담스러워지고 족쇄가 된다. 말 그대로 '짐'이 되고 만 것이다.

그래서 가지고 갈 것들은 엄선하게 되었다. 물론 생명과 직결되는 용품은 뺄 수 없다. 그 대신 딱히 없어도 되는 물건은 가져가지 않는다. 중요도와 무게를 저울질해 직접 가려낸다.

배낭이 가벼워지면 다소 오르기 힘든 산에도 도전할 수 있다. 준비도 수월해지니 전날 밤에 갑자기 산행을 결심하고 바로 다음 날에 산을 오르기도 한다. 무엇보다 등산 자체를 즐길 수 있게 되었다. 이제는 날만 좋으면 주말마다 집을 나서니 등산은 일상이나 다름없다.

인생도 이렇게 즐기고 싶다. 그렇기에 가뿐하게 살고 싶다. 살고 싶은 동네나 집이 생기면 훌쩍 이사하고 싶고 일이든 취미든 조금이라도 관심 가는 게 생기면 망설일 시간에 서둘러 해보고 싶다. 막상 해보니 즐겁지 않은 건 과감히 그만둔다.

인생을 80년이라 치면 내 인생도 이제 슬슬 반환지점이다. 지금까지가 눈 깜짝할 사이였으니 남은 날들도 아마 한순간이지 않을까. 눈감는 날에는 생전에 만난 이들에게 감사하며 하고 싶은 건 원 없이 해보았다는 생각으로 홀가분하게 떠날 수 있었으면 좋겠다.

인생을 즐기려면 '짐'은 적을수록 좋다. 물건이라는 물리적인 짐은 물론이고 응당 이렇게 해야 한다는 상식과 고정관념, 잘못되면 어쩌나 걱정한들 별수 없는 불안, 그리고 남에게 손가락질 받을까 두려워 전전긍긍하는 '마음의 짐'도 마찬가지다.

생활을 윤택하게 가꾸어주는 물건도 필요 이상으로 가지고 있다 보면 괴로워지기 마련이다. 과한 정보는 불안을 부채질하는 소음이 된다. 생각이 너무 많으면 판단하고 행동에 옮기기 힘들다. 무엇이든 필요 이상으로 갖고 있으면 '짐'이 되기 마련이다.

# 물건은 회람판

도시에 살고 있는 지금은 더는 볼 일이 없지만, 어릴 적 살던 시골엔 '회람판'이라는 게 있었다. 소속된 자치회의 공지사항과 배포 서류가 든 파일철을 한 집 한 집 바통 터치하듯 돌려가며 보는 거다. 옆집에 손수 회람판을 건네주며 이런저런 이야기도 나눌 수 있어 소통의 역할을 톡톡히 했다(여전히 도시 일부 지역이나 지방에 있는 주택단지에서는 회람판을 돌리는 문화를 볼 수 있다. 보통 한 달에 한두 번꼴로 돌아오며 확인 후에 사인을 하거나 도장을 찍는다.).

내가 가진 물건이 마치 저 회람판 같다는 생각이 들 때가 종종 있다. 지금 원고를 쓰기 위해 앉아 있는 덴마크 앤티크 의자도 그렇다. 예전엔 덴마크 어딘가의 가정집에서 쓰였을 텐데 돌고 돌아 지금은 일본의 우리 집에 있다. 나에게 필요 없어지는 날이 오면 그땐 다른 누군가의 집으로 가지 않을까, 가끔 이런 생각에 잠기곤 한다.

그렇다면 이 의자는 내가 소유하고 있는 듯 보여도 사실은 모두의 것이고 지금은 내가 잠시 빌려 쓰고 있을 뿐인 거다. 평소 쓰지 않고 갖고만 있는 물건은 우리 집에 머물러있는 회람판과 다를 것 없으니 이웃에 미안하고 쓰임을 잃은 물건도 가엾다. 그러니 기꺼이 사용해줄 사람에게 넘기는 편이 낫지 않을까.

생각이 여기까지 이르면 '내 것'이라는 소유의 관점에서 한 발 떨어져 나와 물건에 집착했던 나 자신이 무척 작게 느껴진다.

덴마크에는 가구를 대물림하는 문화가 있다고 한다. 다른 이에게 저렴하게 내놓는 벼룩시장도 많다. 요즘은 일본에도 중고 거래 애플리케이션과 옥션 사이트가 활성화되어 있어서 온라인으로 손쉽게 물건을 사고팔 수 있다. 대가를 치르고 거래하는 것은 물론, 기부나 나눔도 할 수도 있다. 안 쓰는 물건은 무조건 버리기보다 이런 방법을 활용해 다른 이에게 바통을 넘기는 것도 좋은 방법이다.

**모두의 것인데 내가 잠시 빌렸을 뿐이다.** 잠시 우리 집에 머무르고 있을 뿐이다. 물건이 다시 다른 누군가에게로 여행을 떠날 날을 생각하면 좀 더 소중히 다루게 된다. 내게 소중했던 물건이 조금 더 넓은 세상을 여행할 수 있길 바라며 말이다.

# 그래도 물건이 좋다

여기까지 읽은 분들은 나를 두고 물건에 대한 집착도 욕심도 없을 거라고, 물건을 미련 없이 놓아버릴 수 있는 사람일 거라고 짐작할지도 모르겠다. 하지만 사실은 그 반대다. 물건이 좋아도 너무 좋다.

디자이너여서인지 공예품이든 공산품이든 일단 매력을 느끼면 푹 빠져든다. 하지만 조금이라도 성에 차지 않는 점이 있으면 좀처럼 손이 가지 않고 계속 보고 싶지도 않다.

그래서 물건을 살 때는 신중하게 살피는 편이다. 물건을 산다는 건 나에게는 물건을 버리는 것보다 더 용기가 필요한 일이다. 모처럼 큰 마음먹고 샀는데 몇 달 지나지 않아서 싫증나면 마음 아프니 웬만한 확신이 들 때까지 사지 않는다. 몇 개월 고민하는 일도 다반사다. 오랫동안 살까 말까 저울질하다가 사야겠다고 마음을 굳히고 보면 이미 품절일 때도 종종 있다.

살지 말지 고민스러울 때면 시뮬레이션을 해본다. 종이로 대략적인 모형을 만들거나 포토샵으로 사진을 합성해서 집에 들이면 어떤 느낌일지 확인한다. 그릇을 사기 전에는 모형 종이를 그릇 크기로 잘라 테이블 위에 놓아보고 요리 재료를 올려도 보며 내가 원하는 느낌과 일치하는지 확인한다. 베갯잇과 침구 커버를 살 때조차 색이 어울리는지 포토샵으로 꼭 시뮬레이션해 본다.

이렇게 남들보다 물건에 깐깐한 내가 어떤 물건에 끌리는지 생각해본 적이 있는데, 물건 고유의 매력은 물론이고 물건의 배경에 깔린 이야기에도 마음이 움직이는 것 같다.

요즘 디자이너는 제작물은 물론이고 제작물을 만드는 프로젝트 과정까지 일련의 이야기로 디자인해야 한다. 이야기를 활용해 제품과 브랜드의 바탕에 깔린 생각과 콘셉트를 자연스럽게 사용자의 뇌리에 각인시키는 이른바 스토리텔링이다. 이렇게 거창한 스토리텔링까지는 아니더라도 어떤 물건의 탄생에는 그 배경이라고 할 만한 계기가 있고, 물건과 사람 사이에는 다양한 이야기가 있기 마련이다. 시선을 이야기로 돌리면 물건을 보는 눈도 달라진다.

나의 이야기를 예로 들자면 가장 먼저 마쓰모토의 공예박람회에서 어느 도예가에게 직접 산 그릇이 떠오른다. 그 도예가는 흙과 유약에 관한 자기만의 철학을 나긋나긋하게 들려주었다. 그때 산 그릇을 쓸 때마다 그릇을 대하던 장인의 정성스러운 마음과 인품, 그날 느낀 마쓰모토의 맑은 공기와 물이 떠올라 더더욱 소중히 다루게 된다.

그리고 자취를 시작하면서 본가에서 쓰던 것을 물려받은 오래된 스테인리스 계량컵도 있다. 투박한 형태와 빛바랜 스테인리스 특유의 질감에서 본가의 포근함이 느껴지는 듯해 왠지 모르게 좋다.

마지막으로 내 건 아니지만, 친구네 집에 자리한 세월의 흔적이 묻어나 말끔하다고는 할 수 없는 사이드보드가 있다. 할머니에게 물려받은 오동나무 장롱을 재활용해 만든 거라 했다. 사연을 들려주는 친구의 목소리에서 애지중지하는 마음이 고스란히 느껴져 나까지 정겨웠던 기억이 있다.

물론 **고심 끝에 구입했어도 실패로 이어질 때도 많다. 하지만 나에게 필요하지 않다는 깨달음은 사서 써보아야 비로소 얻을 수 있다. 다음에 같은 실수를 반복하지 않으면 된다.**

실패했다면 놓아주면 그만이다. 중고 거래 애플리케이션 등을 활용하면 시행착오로 깨지는 비용을 어느 정도 만회할 수 있다.

아무것도 사지 않고 아무것도 버리지 않는, 도전도 실패도 없는 인생은 어딘가 따분하지 않은가?

# 물건이야말로 경험

흔히 물건보다는 경험이 중요하다고 하지만, 물건이야말로 곧 경험이 아닐까 하는 생각이 들 때가 있다. 가구든 주방 도구든 좋은 것을 쓰면 시간의 질이 몇 배는 향상된다고 느끼기 때문이다.

이를테면 조명이 빚어내는 공간이 그렇다. 부드럽고 편안한 불빛 사이에서 보내는 밤은 기분마저 포근해진다. 그리고 그릇. 국 한 그릇에 흰쌀밥과 잔 반찬이 전부일지라도 그릇 덕분에 진수성찬처럼 느껴지기도 한다. 끝으로 침구도 마찬가지다. 깨끗이 세탁한 마 소재 침대 시트와 이불 커버에 살이 닿을 때의 기분 좋은 감촉은 하루의 피로를 싹 날려준다. 좋은 물건은 곧 좋은 경험으로 이어진다.

그리고 지금 이야기한 '좋은 물건'은 사람에 따라 제각각이다. 유명인이 추천했다고 해서 나에게도 잘 맞으리라는 법은 없다. 남의 가치관에 휘둘리지 말고 나의 감성을 믿어야 한다. 무엇이 좋은 물건인지는 내가 가장 잘 안다.

물건의 멋을 만끽하며 보내는 시간을 좋아하는 나는 물건을 고를 때 아름다워 보이는지를 먼저 살핀다. 언젠가 교토의 사원에서 벽과 다다미에 비치는 그림자의 그러데이션을 본 적이 있다. 그 아름다움에 감탄한 뒤로 집을 가꿀 때는 일부러 음영을 만들고, 그림자가 드리울 때 아름다워 보일 것 같은 질감의 물건을 고른다. 소설가 다니자키 준이치로는 저서 《음예 예찬》에서 아름다움은 물체 자체가 아니라 빛과 그림자가 빚어내는 무늬와 그 정취에 있다고 했는데 교토에서 만난 아름다움이 그게 아닐까 싶다.

또한 채우기보다는 여백을 소중히 여긴다. 한 책에서 '본질적인 것은 모두 허(虛)에 있다'는 글을 본 적이 있다. '허'는 여백이라는 말로 바꿔도 될 것 같다. 일본 전통 그림에는 일부러 여백을 두는데, '허'가 있기에 보는 이에게 작품을 자유롭게 상상할 수 있는 여지가 생기는 게 아닐까? 상상은 세상을 한없이 넓혀준다.

아주 단편적인 예이긴 하지만, 일상에서 쓸 물건과 가구를 고를 때는 그 물건을 사용하면 얼마나 더 나은 경험을 하게 될지 머릿속에 그려보면 도움이 된다. 생활이 마치 그윽하고 귀한 예술처럼 보이기 시작할 것이다.

# 비합리적인 아름다움에 눈 돌리기

일반적으로 미니멀리스트는 물건 소유에 엄격하다. 물건을 줄이는 게 목적이기 때문에 모든 소유물에 대해 왜 소유하고 있는지 그 이유가 명확해야 한다. 가지고 있을 합리적인 이유가 없으면 버려야 한다고 결론짓는다.

소유의 이유나 목적을 따져보는 과정은 분명 소유물을 줄이는 데 필요한 일이긴 하지만, 잣대가 너무 빡빡하면 숨이 막힌다. 또, 합리성을 지나치게 따지고 들면 타인에게 너그러워지기도 힘들다. 남들이 물건을 대하는 방식이나 불완전

한 논리가 신경 쓰이고 왜 안 버리고 두는지 모르겠다며 사서 스트레스를 받기도 한다.

하지만, 애당초 인간이란 존재는 합리성과 논리만으로 설명할 수 없다. 따지고 보면 꼭 필요한 것도 아니고 실제로 쓰지 않더라도 직접 만져보면 정이 가서 가지고 싶은 물건도 있기 마련이다. 우리 집만 해도 의자가 다섯 개나 있다. 둘이서 사는 것치고는 많은 편이다. 합리적으로 생각하면 이렇게까지 필요할까 싶다. 하지만 의자는 나에게 오브제이자 바라만 보아도 흐뭇해지는 소중한 물건이다. 다섯 개 모두 하나같이 아름다워 일상에서 사라지면 너무 섭섭할 것 같다.

살다 보면 많은 일에 합리성만을 따지게 된다. 그러니 기능적인 가치뿐 아니라 편안함, 사랑스러움, 아름다움 같은 마음의 감각도 하나의 기준으로 삼아 그 균형을 맞출 필요가 있다. **즐겁고 두근거리는지를 매사의 선택 기준으로 삼아보자.** 즐거울지, 행복할지 단순히 마음이 이끄는 대로 일을 고르고 휴일을 어떻게 보낼지 생각해보자. 하루하루가 더욱 즐거워질 것이다.

물론 남들과 함께 일할 때는 논리적으로 생각해야 하겠지만, 때로는 어깨의 힘을 빼고 솔직한 내 마음에 조금 더 귀 기울이면서 감성이 이끄는 대로 따라보는 것도 좋지 않을까.

# 진자 운동하듯 생각하기

내가 운영하는 유튜브에는 종종 이렇게 하소연하는 댓글이 달린다. 미니멀하게 살고 싶은데 도저히 못 버리겠다고, 자기 자신이 한심하게 느껴진다고 말이다.

물건을 버리는 궁극적인 이유는 행복하기 위해서다. 물건을 버릴 때마다 고통스럽고 삶의 만족도가 떨어진다면 그게 다 무슨 소용일까 싶다. 자괴감이 들 만큼 힘들다면 억지로 물건을 버리기보다 있는 그대로 받아들이는 편이 낫지 않을까.

쾌적하다고 느끼는 물건의 양은 사람마다 제각각이다. 무엇이 편안한지도 저마다 다르니 자기 기준에 따라 선택하면 된다. 물론, 어느 정도의 양이 나에게 알맞은지 처음부터 알 수는 없다. 나에게 맞는 스타일을 찾으려면 다른 사람의 방식을 직접 따라 해보며 발견하는 수밖에 없다.

나는 이 적정량을 찾아가는 과정을 진자 운동에 비유하곤 한다. 물건을 늘리고 줄여보며 나에게 가장 편안한 물건의 양을 찾아가는 과정은 좌우로 크게 흔들리다가 중앙의 평형점으로 수렴하는 진자 운동과 닮았다. 어느 방향이든 일단 한 방향으로 움직여보면 조금 더 나은 답을 얻을 수 있다.

이러한 진자식 사고는 나에게 맞는 물건의 양을 고민할 때뿐 아니라 살아가며 만나는 온갖 것들의 균형점을 찾아갈 때도 유용하다.

- 물건을 고를 때는 기능성(좌뇌)과 심미성(우뇌)을 오가면서 살피고 판단한다.
- 집안일은 최소한으로 줄여보기도 하고 꼼꼼히 해보기도 하면서 균형점을 찾는다.
- 사람을 얼마나 믿고 얼마나 챙기면 좋을지 적절한 지점을 고민한다.

가진 물건이 너무 많거나 적으면 문제는 어떤 식으로든 생긴다. 그러니 어느 정도의 양이 나에게 적당한지 늘 살피면서 진자 운동하듯 더해보고 빼보자. 직접 해보면서 깨닫고 고쳐나가는 거다.

진자 운동하듯 생각하기

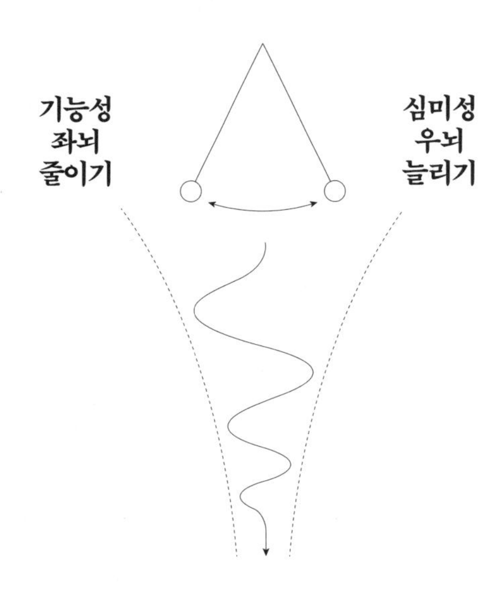

# 버리는 게 능사는 아니다

무작정 버린다고 행복해지는 건 아니다. 이 사실을 절실하게 느낀 적이 있으니 부탁을 받고 지인의 집 정리를 도와주었을 때였다. 지인은 평소 물건을 잘 버리지 못했다. 더는 필요가 없어져도 고장 나지 않는 한 버리는 법이 없었고 물건이 빼곡히 들어찬 집은 그곳에서 살고 있는 사람을 짓눌렀다.

미니멀리스트가 되고 싶었던 당시의 나는 지금 쓰는 물건인지를 살펴 안 쓰는 물건을 모두 처분하는 방법을 권했고,

그 결과 집은 말끔해졌다. 그런데 확 바뀐 집을 보고 뿌듯해하는 나와는 달리 지인의 표정은 어찌나 복잡해 보이던지. 어딘지 모르게 허전하다고 했다.

자식이 독립한 뒤로 한 번도 쓴 적 없는 책상과 책장, 결혼 전에 사놓고 단 한 번도 꺼내 입지 않은 옷. 나에게는 불필요해 보였지만 지인에게는 추억이 깃든 물건이었던 거다. 버려도 되겠다고 생각했지만, 막상 버리고 나니 추억도 함께 사라져버린 것 같은 기분이 '허전하다'라는 말로 드러난 것 같았다.

물건을 대하는 방식은 사람마다 다르다. 더는 쓰지 않아도 바라볼 때마다 사용했던 시절을 떠올리며 마음 따스해지고 물건이 그 자리에 있다는 사실만으로 마음이 놓이고 평온해지는 기분도 알 것 같다.

나는 지난날의 추억보다 앞날을 위한 가뿐함을 우선시하는 편이지만, 이건 어디까지나 나의 가치관이다. 자신에게 무엇이 소중하고 덜 소중한지 잘 알지 못한 채 물건을 버리면 뒤늦게 후회할 수도 있음을 뼈저리게 느꼈다.

이럴 때는 평소 내가 중요하게 여기는 가치를 글로 적어보면 버려도 괜찮을지 판단하기가 한결 수월하다. 나는 하루하루 편안하고 풍요로운 마음으로 지내는 게 무엇보다 중요하다. 그래서 아래와 같은 가치관에 항상 유념하고 있다.

- 마음에 드는 인테리어 요소를 들여 집을 세상에서 가장 안락한 공간으로 가꾼다.
- '하기 싫어도 해야 하는' 집안일과 업무는 되도록 줄여 시간과 마음에 여백을 만든다.
- 소중한 사람과 함께 보내는 시간, 산과 자연 속에서 보내는 시간을 한껏 음미한다.
- 늘 가뿐한 발걸음으로, 가능성을 열어두고 홀가분하게 지낸다.
- 어찌 되었든 건강이 최고다.

나는 이 가치관을 기준으로 나의 시간과 돈, 에너지를 쏟는다. 물건을 버려도 좋을지 역시 이 가치관에 비추어보며 판단한다. 이를테면 우리 집에는 토스터가 없다. 토스터를 들이면 집안일에 드는 시간이 얼마나 절약되고, 유지하는 데 품은 얼마나 들지, 인테리어로 얼마나 보기 좋은지를 저울질해 내린 결정이다.

## 버려야 한다는 강박

물건을 버리면 짜릿하다. 속이 다 시원하고 새로 태어난 것만 같다. 그런데 혹시라도 물건이 없는 상태를 통해 자신이 특별하다는 점을 과시하고 싶은 거라면 다시 생각해보는 게 좋을 것 같다. 단순히 쾌감을 느끼기 위해 버리는 행위 자체가 목적이 되어 버려야 한다는 강박에 사로잡힌 상태일 가능성이 크기 때문이다.

자꾸만 버리고 싶은 마음은 물건에 의존한다는 점에서 자꾸만 사고 싶은 마음과 다르지 않다. 필요 이상으로 버리고 싶은 마음은 필요하지도 않으면서 사고 싶은 마음과 같다. 자랑하고 싶어서 물건을 버리는 건 번지르르해 보이려고 물건을 사는 것과 같다.

얼마나 많은 물건을 버리는지에 연연하면 결국 남들과 경쟁하는 꼴이다. 미니멀리스트 경쟁에는 끝이 없다. 나 역시 버려야 한다는 강박에 사로잡혔던 적이 있다. 이제는 무엇을 버려야 하나 늘 두리번거렸고 버리고 버려도 성에 차지 않았다. 내가 그랬던 것처럼 버리기 위해서 버리려는 건 아닌지, 정말로 버려야만 하는지 돌아보았으면 좋겠다.

가끔 이런 고민을 털어놓는 분들이 있다. 필요한 것만 남겨두고 홀가분하게 지내고 싶은데 가족들이 영 내켜 하지 않는다는 거다. 가족 물건도 버리고 싶은데 어떻게 하면 좋겠느냐고 말이다.

내 의견을 밀어붙여 가족들의 물건을 마음대로 버려봐야 좋을 건 하나도 없다. 가족 사이에 마음만 상할 텐데, 그러면 과연 무엇을 위한 물건 정리란 말인가. 물건을 정리하는 건 행복하게 지내기 위해서지 가족에게 상처를 주기 위해서가 아니다.

돌이켜보면 둘이서 함께 살기 시작했을 때는 동거인의 물건에 참견하지 않으려 특히 조심했다. 지금도 휴지통이나 가구처럼 함께 쓰는 물건을 없애고 싶으면 더 나은 방법을 생각해보고 대화를 나눈다.

일단은 내가 본보기가 되면 된다. 물건을 줄여가며 홀가분하게 지내는 모습을 매일 옆에서 보면 영향을 받을 수밖에 없다. 이 정도의 마음이면 충분하다. 지금은 나보다도 동거인이 옷 같은 걸 미련 없이 버려서 깜짝깜짝 놀랄 정도다.

# 사람은 늘 변하기 마련이다

무슨 일이 있을 때마다 선어(禪語)를 모아놓은 책을 펼쳐 보곤 하는데 특히 좋아하는 말은 '행운유수(行雲流水)'다. 얼마나 좋아하는지 학창 시절에는 이 말을 모티프로 조각 작품을 만들었을 정도다. 말 그대로 떠다니는 구름과 흐르는 물처럼 한곳에 머무르지 않고 흘러가듯 살아가는 모습을 말한다. 사람이든 자연이든 변화야말로 본질이고 변화하지 않는 건 부자연스럽다는 가르침으로 이해했다.

나는 기분전환 겸 산책을 하러 집 근처 강에 자주 들른다.

유유히 흘러가는 강물을 보고 있자면 나 역시도 자연의 흐름에 나를 내맡겨 유연하게 변해가고 싶다는 생각이 절로 든다.

깐깐할 것 같다는 말을 종종 듣지만, 나는 오히려 그 반대여서 무엇에든 구애되지 않으려 하는 편이다. 고정관념에 사로잡히면 변화하기 쉽지 않기 때문이다.

앞서 나에게 맞는 물건의 양과 라이프 스타일은 직접 해보고 시행착오를 거치며 끊임없이 배워나가려는 마음가짐이 중요하다고 했던 것도 나 자신이 늘 변하고 있기 때문이다. 취직, 이직, 결혼, 육아처럼 상황과 라이프 스타일이 변하면 생각이 변하기도 하고, 코로나바이러스감염증-19가 세상을 덮쳤듯 나를 둘러싼 환경이 별안간 바뀌기도 한다.

그러니 나만의 스타일을 찾았다고 해서 그게 끝은 아니다. 지금의 나에게 정말로 필요한지 돌아보며 꾸준히 업데이트해야 한다. 업무도 마찬가지여서, 앞날을 섣불리 예측하기 힘든 불확실성의 시대인 만큼 늘 상황에 발맞춰 바꿔나가야 한다.

예전에는 막연하게 집을 사서 한 동네에 정착해야겠다고 생각했는데 여러 지역을 다녀보니 살아보고 싶은 동네가 참 많다. 문호가 사랑한 번화가에서도 살아보고 싶고 자연에 둘러싸인 곳에서도 지내보고 싶다. 할 수만 있다면 다른 나라에도 머물러보고 싶다. 다양한 일과 라이프 스타일에 도전해보고 싶다.

그래서 최대한 가능성을 열어두려 한다. 가진 것은 적게, 발걸음은 가뿐하게, 그리고 생각은 변화를 받아들일 수 있을 만큼 유연했으면 좋겠다.

인생은 변화의 연속이다. 소중한 것과 우선순위가 늘 한결같을 수는 없다. 사람은 늘 변하는 존재임을 기억하고 그때그때 마음 가는 스타일로 바꿔보는 유연함을 지니고 싶다. 흐르는 강물과 구름처럼 말이다.

# 단순하게 생각하려면

사람은 하루에 6만 가지에 달하는 생각을 하는데 그중 90%는 어제와 같은 생각이라고 한다. 생각이 제자리걸음을 하고 있는 셈이다.

예전에 어느 매체에서 도쿄대 명예교수 요로 다케시(2003년 발간된 《바보의 벽》이라는 책으로 베스트셀러 작가가 된 해부학 교수. 다양한 분야에 관한 해박한 지식과 핵심을 관통하는 사회적 통찰력을 지녀 인기가 많다.)가 "사람은 왜 사는가"라는 진행자의 물음에 답하는 걸 본 적 있다. 그는 "한가하니까 그런 궁금증이 생기는 거다.

그럴 시간이 있으면 일이든 게임이든 뭐든 좋으니 푹 빠져서 할 수 있는 일을 해라"하고 딱 잘라 말했다. 아무리 생각해도 별수 없는 일이라면 내려놓는 게 낫다는 뜻이 아니었을까?

가만 돌아보면 진실하고 가치 있는 것은 언제나 심플하다. 물리학에서 배우는 아인슈타인의 상대성이론은 어렵고 복잡하지만, 결국은 $E=mc^2$이라는 공식으로 귀결된다. 방대한 물리학의 세계를 설명하는 원리가 간결한 공식으로 집약되는 거다. 고등학생 시절 이 공식을 처음 배웠을 때는 세기의 발견이라기에는 너무나 심플해서 맥이 빠졌던 기억이 있다.

이 외에도 단순함의 가치에 대해서는 여러 유명 인사들이 입을 모아 이야기했다.

> 때로는 단순함이 복잡함보다 어렵다. 생각을 단순하게 만들려면 생각을 명료하게 정리하려 부단히 노력해야 하기 때문이다. 하지만, 결국 그럴 만한 가치가 있다.
>
> 스티브 잡스, 애플 창업자

복잡함은 적이다. 일을 복잡하게 만드는 건 어떤 바보든 할 수 있다. 정말로 어려운 건 일을 단순하게 만드는 것이다.

리처드 브랜슨, 버진 그룹 창업자

이렇듯 심플하다는 건 값진 만큼 어려운 것이다. 생각하면 할수록 모든 게 중요하게 보여 곁가지에 눈이 가고 그러다 보면 중심을 잃게 된다. 이럴 때는 처음으로 돌아가 내가 정말로 하고 싶은 건 무엇인지, 내게 가장 중요한 건 무엇인지 본질을 살피며 단순하게 생각해야 한다.

그래서 권하고 싶은 게 '모닝 페이지'다. 줄리아 캐머런이 쓴《아티스트 웨이》에는 창조성을 회복하는 방법으로 '모닝 페이지'를 소개하고 있는데, 매일 잠자리에서 일어나자마자 어떤 것이든 상관없으니 일단 마음에 떠오르는 생각을 있는 그대로 세 쪽씩 적어 내려가는 루틴을 말한다.

나는 매일 아침 머릿속에 떠오르는 생각을 한 쪽씩 술술 옮겨 적기를 거의 반 년째 이어오고 있다. 빼먹는 날도 있고 남에게 보여줄 것도 아니다 보니 글씨체는 엉망이고 문맥도 뒤죽박죽이다. 하지만 그저 쓴다는 행위를 통해 내가 어떤 생각을 하는지 새삼 확인하면 신기하게도 머릿속이 말끔해진다. 무슨 말이든 좋으니 일단 써보자. 이렇게만 해도 개운치 않았던 생각이 정리되고 머리가 명쾌해지니 꼭 해보면 좋겠다.

# 단순하게 산다는 것

자신에게 솔직할 것. 그리고 내 마음 가는 것에 시간과 돈을 쓸 것. 그런 삶이야말로 단순한 삶이라고 이야기했지만, '그렇다면 나는 과연 단순하게 살고 있는 걸까? 내가 좋아하는 건 대체 뭘까?' 이런 생각에 잠길 때가 있다. 사실 나도 명확한 답이 보이지 않아 늘 개운하지 않다.

다만, 나에게 남은 시간이 일주일뿐이라고 해도 지금과 같은 일상을 보내고 싶은지 생각해보면 어느 정도 가늠해볼 수 있을 것 같다. 살날이 일주일밖에 안 남았다는 선고를 받왔을 때 이것도 해야 하고 저것도 하고 싶다고 허둥대지 않고, 늘 그랬듯 하던 일을 계속하고 산책을 하고 소중한 사람과 함께하는 즐거운 식사를 택한다면 제법 내가 꿈꾸던 삶을 살고 있다는 뜻 아닐까? 나는 그러한 삶을 살고 싶다.

그래서 샤워할 때나 잠들기 전에 멍하니 생각에 잠기곤 한다. 오늘이 인생 마지막 날이었다 해도 후회 없는지, 지금 하는 일은 그만한 가치가 있는 일인지 스스로에게 묻곤 한다. 최근에는 꽤 원하는 대로 심플하게 잘 살고 있다는 생각이 들 때가 많다.

'설령 오늘이 인생 마지막 날이라 해도 평소처럼 지낼 거야' 이렇게 말할 수 있는 일상이었으면 좋겠다.

# 시간의 여백 – 아름다운 지루함

시간이 곧 돈이니 알뜰히 써야 한다고 생각하면서도 빈둥대는 시간을 줄여가며 일정으로 빡빡하게 채우고 싶지도 않다. 왜 그럴까 생각해보니, 효율을 중요하게 여겨 낭비를 없애려는 태도나 일정으로 빼곡한 상태는 숨통을 조여 온다는 점에서 물건이 들어찬 집과 비슷하기 때문인 것 같다.

물론 인생에는 최선을 다해야 하는 때가 있기 마련이지만 그렇다고 늘 바쁘게 지내면 매일같이 무언가에 쫓기게 된다. 그건 내가 바라는 삶이 아니다. 그래서 무언가에 몰두한 뒤에는 의식적으로 아무것도 하지 않고 멍하니 보내는 시간, 즉 여백의 시간을 만든다.

이를테면 발코니에 아웃도어 체어를 가져다 두고 앉아 멍하니 하늘을 올려다본다. 퇴근길에 강가를 따라 걸으며 강과 하늘을 바라본다. 욕조 물에 몸을 담그고서 멍하니 있는다. **꽉 차지는 않았지만 넉넉하고, 심심하지만 아름다운 시간이다.**

톱니바퀴가 서로 맞물리며 움직일 수 있는 건 톱니 사이에 '백래시'라고 불리는 틈이 있기 때문이라고 한다. 이 틈이 없으면 톱니가 서로 부딪쳐서 바퀴가 돌아가지 않는다. 매일매일의 생활에도 여백의 시간이라는 빈틈을 마련해 두면 삶이 한층 부드럽게 맞물리며 돌아가지 않을까? 이런 여백의 의미와 여백을 만끽하는 방법을 내 나름대로 생각해보았다.

### 멍하니 보내기

뇌과학 연구를 통해 밝혀진 사실이 있다. 뇌는 바쁘게 움직일 때보다 아무것도 하지 않고 멍하게 있을 때 두 배 이상의 에너지를 사용한다고 한다. 의식적으로 머리를 쓸 때보다 아무 생각도 하지 않을 때 뇌가 활성화되는 것이다. 뇌의 이런 기능을 '디폴트 모드 네트워크'라고 한다. 무언가를 생각할 때 뇌의 특정 부위로 쏠렸던 에너지가 넓은 범위로 퍼지고 유기적으로 연결되면서 새로운 아이디어가 번뜩 떠오르는 것이다.

그러고 보면 아이디어가 반짝일 때는 억지로 생각하려 애쓸 때보다 멍하니 있을 때가 많은 것 같다. 지금 이렇게 쓰고 있는 원고 내용도 퇴근길에 불현듯 떠오른 것이니 말이다.

## 쓸데없는 시간 음미하기

멍하게 흘려보내는 시간은 효율성과는 거리가 먼, 최고로 쓸데없는 시간이다. 그래서 좋다.

일할 때는 합리성과 생산성을 따져야 하고 디지털 기기는 발전을 거듭하고 있다. 아침에 눈 떠서 잠들 때까지 이런 환경에 놓여 있으면 원하지 않아도 자연히 효율성을 추구하게 된다. 효율성을 추구하는 게 나쁜 건 아니지만, 일할 때뿐 아니라 퇴근하고 나서도 불필요한 행동을 줄이고 효율을 따지다 보면 마음의 여유는 온데간데없어진다. 마치 무언가에 쫓기듯 초조해진다.

사람은 '즐겁다', '편하다' 같은 효율과 논리에서 벗어난 감정도 갖고 있는 존재다. 그래서 때로는 쓸모없을지언정 즐겁고 마음 편한 시간을 보내며 균형을 잡는다. '가치 있는 시간 낭비'라고나 할까.

예를 들어, 이동 시간도 가치 있는 시간 낭비다. 팬데믹 이후 재택근무와 화상회의가 늘면서 출퇴근이나 회의실로 이동하는 데에 들이는 시간이 눈에 띄게 줄었다. 온라인 미팅 하나가 끝나면 바로 다음 온라인 미팅에 참석할 수 있어서 효율은 높아졌지만, 몇 시간이고 줄곧 앉아 있어야 하니 업무가 끝나고 나면 몸과 마음이 녹초가 되는 날도 늘었다. 돌이켜보면 이동 시간은 꽤 괜찮은 기분전환이 되어주었던 셈이다.

멍하게 보내는 시간이나 마음이 편한 시간은 효율을 따지며 발걸음을 재촉해야 하는 바쁜 일상에서 인간다움을 되찾을 수 있는 가장 손쉬운 방법이 아닐까.

## 오감 의식하기

나는 종종 공원과 하천을 산책한다. 산책하며 오감을 느낀다. 볼을 스치는 바람, 발뒤꿈치에 전해지는 땅의 감촉, 벌레와 새 소리, 흙 내음. 처리해야 하는 일에 쫓겨 곤두섰던

신경이 가라앉고 언제 그랬냐는 듯 긴장이 풀리면 세상이 한층 선명하게 보이고 시야가 넓어지는 것 같다. 이럴 때 문득 '나는 지금 행복한 것 같다'는 생각이 들곤 한다.

한때 남에게 인정받고 돈을 많이 벌어야만 행복해질 수 있다고 믿었다. 그런데 진짜 행복은 평소와 다름없는 일상에 있는지도 모르겠다. 그렇다면 마음에 행복을 느낄 수 있는 여백을 마련해두는 게 중요하지 않을까.

아무리 바쁜 날에도 퇴근길에 잠시 공원에 들를 정도의 시간은 낼 수 있다. 자연 속에서 오감을 열어놓기만 해도 시간의 풍요로움을 만끽할 수 있다.

### 내 안의 나와 대화하기

직장 동료가 예전에 이런 말을 했다. 뇌와 몸속 기관에 이름을 붙여주고 매일 아침 인사를 나눈다고. 무슨 말인지 당시에는 선뜻 이해되지 않았는데 언젠가부터 나도 비슷한 행동을 하고 있음을 깨달았다. 내 안에 '또 다른 나'를 앉혀두고 이야기를 나누는 거다. 이를테면 부정적인 감정이 들 때는 냉정한 내가 감정적인 나를 달래줄 수 있다. '화가 많이 났네. 심호흡이나 한번 할까?' 하고 말이다.

긍정적으로 생각하라고들 하지만, 좋게만 생각하려 애쓰기보다는 부정적인 감정과 원만한 관계를 유지하는 게 더 좋지 않을까? 내 안의 또 다른 나와 이야기를 나누고 발맞추어 걷는 거다.

반신욕은 또 다른 나와 이야기를 나눌 수 있는 절호의 기회다. 욕조 물에 몸을 담그고 마음, 손과 발, 몸속의 목소리를 듣는다. '요즘 일이 너무 빡빡하지?', '생각대로 일이 잘 안 풀려 스트레스 받는구나'라고 하거나 등산하고 온 날에는 '끝까지 잘 걸어줘서 고마워'와 같이 나의 몸과 마음 곳곳에 수고했다고 말해주는 식이다.

내 몸 역시 살아가는 동안 자연으로부터 잠시 빌린 것이라 생각하면 마음을 써가며 소중히 여기게 된다. 바쁜 나날에 치여 뒷전으로 밀려나기 쉬운 몸과 마음의 목소리에 이렇게 귀를 기울여 보자.

## 걱정의 90%는 결국 일어나지 않는다

### 지금 당신이 하고 있는

칼럼

학창 시절, 무슨 일에든 생각이 너무 많아 금세 불안감에 휩싸이곤 했다. 어떤 일이든 무던하게 버티면서 즐기는(혹은 그렇게 보이는) 주변 친구들을 보면서 나도 저럴 수 있으면 얼마나 좋을까 부러워했다. 대학교 졸업을 앞두고 구직 활동을 시작했을 때는 아직 취업조차 되지 않았건만 '회사 일이 나랑 안 맞으면 어떡하지?', '영영 취업 못 하면 어쩌지?' 하고 앞날을 걱정하며 불안감에 떨 정도였다.

미국 미시간대학의 연구에서 흥미로운 결과가 나왔다.

걱정과 관련한 조사로 '우리가 하는 걱정의 80%는 일어나지 않는다'는 사실이 밝혀졌고, 나머지 20% 중 16%는 평소에 대비하면 대처할 수 있는 문제라는 것이다. 말하자면 걱정했던 일 중에서 실제로 일어나는 일은 단 4%에 불과했다. 우리가 안고 사는 걱정과 불안 중 96%는 실제로 일어나지 않는다. 그저 혼자만의 착각이고 기우에 지나지 않는 것이다.

나는 그 뒤 무사히 취직해 10년 넘게 직장 생활을 하고 있고 지금으로서는 해고될 것 같지는 않으니 그야말로 헛걱정이었다. 덧붙이자면 언제부터인가 미래에 불안감을 품는 시간이 사라지면서 필요 이상으로 걱정하는 일도 눈에 띄게 줄었다.

그러니 불안감에 시달렸던 학창 시절의 나에게 조언하자면 막연히 걱정만할 시간에 만약 이런 일이 생기면 어떻게 대비해야 할지, 어떻게 해결해야 할지 행동을 중심으로 생각하고 직접 해보라고 말해주고 싶다.

지금은 대처 방법을 어느 정도 생각해두었다면 더는 걱정하지 않는다. 걱정해도 뾰족한 수가 없으니 따뜻한 차나 마시고 산책이라도 하면서 마음을 편히 가지려고 한다. 그래도 마음이 싱숭생숭하고 정답이 보이지 않아 불안감이 밀려올 때는 집을 정성껏 청소한다. 잡념은 날아가고 집은 깨끗해져 제법 기분전환이 된다.

업무에 완전 집중해도 좋고 조깅을 하는 것도 좋다. '지금', '여기'에 마음을 다할 수 있는 나름의 방법을 마련해두면 정답이 보이지 않아 걱정스럽고 불안한 마음과 사이좋게 지낼 수 있다.

# Chapter 2

# 물건 버리기, 정리의 실천

공간을 정돈한다는 건 곧 마음을 정돈하는 일이다.
내가 집을 열심히 정리 정돈하는 이유다.

## 무엇을 위한 정리인가

웬만해선 물건을 늘어놓지 않는 나도 일에 쫓기느라 마음에 여유가 없으면 금세 집이 너저분해진다. 바닥과 테이블에는 물건이 그대로 어질러져 있고 청소도 하는 둥 마는 둥. 이런 걸 보면 집은 마음을 비추는 거울이란 말이 사실인 것 같다.

반대의 경우도 마찬가지다. 잔뜩 어질러진 집에서 지내면 가랑비에 옷 젖듯 마음도 흐트러진다. 사람은 뇌의 많은 부분을 눈에 보이는 것을 의식하지 않도록 하는 데에 쓴다고 한다. 그래서 집이 너저분하면 어질러진 곳에 뇌가 소모되어 피로감을 쉽게 느낀다. 업무가 내 마음 같지 않고 마음에 여유가 없을 때는 십중팔구 집이 어질러져 있거나 먼지가 수북이 쌓여 있는 걸 발견하게 된다.

"풋내기가 상급자로 가는 과정은 자신의 부족함을 아는 것이 그 첫 번째다."

만화 《슬램덩크》에서 점프슛을 연습하는 주인공 강백호가 자기 실력을 있는 그대로 받아들이지 못하는 모습을 보고 안 감독이 건넨 말이다. 성장하고 싶다면 먼저 자기 약점을 객관적으로 파악해 받아들여야 함을 일깨워준다.

정리 정돈도 마찬가지다. 수북이 쌓인 먼지도 지저분한 집도 못 본 척하고 싶겠지만, 일단 눈앞의 상황을 받아들여야 지금 무엇을 해야 하고 앞으로 어떻게 관리할지 생각해 볼 수 있다.

사실은 신경 쓰이는데 못 본 척 눈 감고 있는 곳은 없는가? 여유가 생기면 정리할 거라고 정리를 차일피일 미루고 있는 곳은 없는가?

마음에 걸리는 곳이 있다면 닫은 문을 하나씩 열고 마주하자. 신기하게도 사진으로 보면 객관적으로 볼 수 있으니 스마트폰으로 사진을 찍어서 살펴보는 걸 추천한다. 온갖 잡동사니와 불필요한 물건과 먼지 속에서 지내고 있었음을 새삼 깨닫게 될 것이다. 지금 어떤 상태인지 파악했다면 이제 차근차근 정리 정돈하는 일만 남았다.

집을 마음 편한 공간으로 가꾸는 건 삶에서 꽤 중요한 일이다. 소음이 넘쳐나는 바깥에서 돌아와 마음을 가라앉히고 몸과 마음을 충전할 수 있는, 나 자신을 되찾을 수 있는 소중한 공간. 마음 놓고 쉴 수 있는 공간에서 보내는 시간은 내일의 활력으로 이어진다.

그러니 **공간을 정돈한다는 건 곧 마음을 정돈하는 일이다.** 내가 집을 열심히 정리 정돈하는 이유다. 마음이 평온하면 하루하루가 산뜻하다.

그러자면 먼저 집의 현재 상태를 알고 받아들여야 한다. 여기가 지금 내가 사는 집이고 지금 나의 심리 상태임을 받아들이면 하루빨리 어떻게든 손보고 싶다는 생각이 절로 들 것이다. 비록 이 글을 쓰고 있는 지금도 금방이라도 넘칠 것 같은 우리 집 책장을 바라보며 '저걸 어쩐담' 하고 생각하고 있지만 말이다.

# 수납보다 정리

"혹시 정리와 정돈이 어떻게 다른지 아시나요? 수납과는 어떻게 다를까요?"

정리 수납 전문가와 이야기를 나누다가 이런 질문을 받고 말문이 막힌 적이 있다. 지금껏 곰곰이 생각해본 적이 없어서 막연히 유의어 같은 것 아닐까 하는 생각만 들었다. 그런데 뜻이 엄연히 다르다는 사실을 알고 머리를 한 대 맞은 듯한 느낌이었다.

먼저 답을 말하자면 이렇다.

- 정리는 불필요한 물건을 추려내는 것
- 정돈은 어질러진 물건을 가지런히 하는 것
- 수납은 물건을 꺼내 쓰기 편하게끔 보관하는 것

먼저 '정리'와 '정돈'부터 살펴보자. 이 둘은 비슷한 말 같아도 꽤 다르다. '정리'는 구별한다는 뉘앙스가 강하다. 쓰는 물건과 쓰지 않는 물건을 구별한다. 또는 사용 장소, 용도, 빈도에 따라 특정한 기준으로 물건을 구별한다는 뜻이다. 한편 '정돈'은 겉보기를 가지런히 한다는 뜻이다. 말끔해 보이는지가 중요하다. '수납'은 사용할 때를 생각해 쉽게 꺼내 쓸 수 있게 보관한다는 뜻이다.

정리, 정돈, 수납의 뜻을 알고 나면 중요한 사실을 하나 깨달을 수 있다. 정리를 하지 않으면 아무리 정돈하고 수납해도 집이 말끔해지지 않는다는 점이다. 쓰는 물건과 안 쓰는 물건, 소중한 물건과 존재조차 까맣게 잊었던 물건을 구별하고 비워나가는 정리야말로 집 청소의 핵심이다. 그리고 정리의 기본은 '취사선택'이다. 나에게 맞지 않는 물건은 버리고 소중한 물건은 남기기. 무척 단순하다.

독립한 지 얼마 되지 않았을 때는 집을 치우겠다고 의지를 불태우며 수납함을 사고 공간을 어떻게 하면 효율적으로 쓸 수 있을지 수납 노하우에 골몰했다. 처음에는 그런대로 만족스러울 수 있지만, 흘러넘치던 물건들이 수납함 속이나 옷장 속 깊숙이 들어가 일단 시야에서 사라졌을 뿐이다. 정리하지 않고 수납만 했으니 지내다 보면 언젠가 다시 문제가 터지고 만다.

수납을 잘했다는 건 결국 그저 잘 숨겼다는 뜻이고 집 치우기를 나중으로 미루었다는 말이다. 어떻게 하면 잘 수납할 수 있을지 고민하기 전에 수납하려는 물건이 정말로 필요한지 스스로에게 물어야 한다. 추리고 비우지 않으면 아무리 시간이 흘러도 물건들과의 관계는 매듭지어지지 않는다.

**치우는 일은 자기 마음에 매듭을 짓는 것**이라는 말을 어디에선가 들은 적 있다. 이 말은 내가 가진 물건과 정성스레 마주하고 더는 마음이 가지 않는다면 예의를 갖춰 이별을 고해야 한다는 뜻이다. 관계를 질질 끄는 건 물건에도 실례다.

그리고 집이든 주방이든 옷장 안이든 공간을 치울 때는 청소의 첫걸음인 '정리'가 무엇보다 중요하다. 이번 장에는 정리에 관한 내 생각과 평소 실천 방법을 담았다.

## 맑게 갠 마음

집을 치울 때는 필요한 물건만 남기는 정리를 먼저 해야 한다. 그런데 막상 정리하려고 하면 결코 만만치 않다. 한눈에 봐도 망가져서 더는 쓰지 못할 물건을 버리는 건 쉽지만 아직 쓸 만한데 안 쓰는 물건은 다소 망설여진다. 옷이든 잡화든 집에 있는 물건은 일단 내 마음에 들어서 샀던 것들이다 보니 버릴 결심이 쉽게 서지 않는 것도 당연하다.

이럴 때는 조금은 냉정하게, 판단의 축을 감성에서 이성으로 한 발짝 옮기면 어떨까? 나는 후쿠자와 유키치(근대 일본의 사상가이자 교육가.《학문의 권유》(1872),《문명론의 개략》(1875) 등을 저술했다.)의 마음가짐을 좋아한다. 스스로의 마음 상태를 '맑게 개었다'고 표현한 걸 보면 그는 합리적인 판단을 중요시하고 걱정하면서 끙끙 속앓이 하는 것과는 거리가 먼 인물이었던 듯하다.

어쨌든, 이런 후쿠자와 유키치의 마음가짐으로 집을 치워보는 건 어떨까. 나의 감정에 매몰되어 축 처져 있지 말고 화창한 마음을 가지고 거기에 합리적인 논리를 약간 더해보자. '살다 보면 시행착오도 있겠지만 죽기야 하겠나. 어차피 그 정도밖에 안 되는 사소한 문제'라고 생각하면서 말이다.

가끔 옷을 차마 버리지 못하고 망설여질 때가 있다. 언젠가 입을 날이 있지는 않을까 하는 생각에 마음을 정하기 힘들 때 말이다. 그럴 때는 이렇게 생각한다.

'1년 동안 안 입었으니 앞으로도 입을 일은 없을 거야. 그렇다면 더 늦기 전에 팔아버리자. 옷에 손이 잘 안 갔던 이유를 기억했다가 새 옷을 살 때 참고하면 돼. 이렇게 고민하는 시간이 아깝잖아.'

물론 무엇이든 지나치면 독이 된다. 합리성만 따지다간 인간미라곤 찾아볼 수 없는 집이 될지도 모른다. 나의 목적에 맞게 마음의 균형을 감성에서 논리적인 이성으로 몇 발짝만 옮기면 충분하다.

맑게 갠 마음은 집을 치울 때는 물론이고 스트레스가 많을 수밖에 없는 요즘 같은 때에 어쩔 수 없이 맞닥뜨리는 문제 앞에서도 꽤 도움이 되는 가치관이다. 근심을 한가득 끌어안고 있다 한들 결과가 달라지지는 않는다. 그렇다면 어떻게든 될 거라는 낙관적인 마음으로 지내고 싶다.

# 이벤트가 아닌 습관

“환경 문제를 해결해 주세요!” 누군가가 느닷없이 이렇게 부탁하면 어디서부터 어떻게 해야 좋을지 몰라 눈앞이 깜깜해진다. 하지만 ‘비닐봉지 사용을 줄이기 위해 장바구니를 들고 다닙시다’, ‘에너지 절약을 위해 실내 냉방 온도는 28도를 유지합시다’처럼 작은 것부터 살피면 심리적 부담은 줄고 지금 바로 실천할 수도 있다.

집 치우기도 마찬가지다. 청소할 곳을 정한 다음, 오늘은 딱 그곳만 청소하기로 마음먹고 소소하게 시작해보자. 물건을 버릴지 말지 마음을 정하는 데에는 꽤 많은 에너지가 들어간다. 그래서 한 번에 다 끝내려고 몇 시간을 붙들고 있어도 끝나지 않는 경우가 허다하다. 결국은 집을 치우는 데에 어마어마한 시간이 필요하다는 인상만 기억에 남아 자꾸만 청소를 나중으로 미루게 된다. 그러니 그날 청소할 범위를 미리 정해서 정리에 대한 부담감을 줄이는 게 좋다.

이를테면 주방 찬장을 전부 정리하는 대신 '오늘은 찬장 중에서도 이 서랍만' 정리하거나, 옷장 전체를 정리하는 대신 '옷장 중에서 이 칸만' 정리해보자. 서랍 하나의 절반에 해당하는 부분만 정리해도 상관없다. 아무튼 잘게 쪼개는 게 중요하다. 범위를 좁히면 한 번 정리하는 데에 15분이면 충분하다.

나는 정리 정돈을 하루에 몰아서 하지 않고 치우는 날을 미리 정해 습관처럼 한다. 요즘은 매주 토요일 아침을 정리 정돈 시간으로 정해놓고 가진 물건들을 체크하고 있다.

물건을 사는 데에 따로 제한을 두지는 않는다. 계절이 바뀔 때마다 갖고 싶은 옷이 있으면 구입하고 재미있을 것 같은 책도 덥석 사니 집 안 물건은 나날이 늘어난다. 그렇기에 늘 줄이려는 노력이 필요하다.

정리 정돈은 이벤트가 아니라 습관이다. **양치질하고 세수하고 목욕하듯 평생 해야 하는 일**이다. 무심결에 몸이 먼저 움직이고 안 치웠을 때 어쩐지 찜찜하다면 일단은 성공이다. 그러려면 온 힘을 다하기보다는 재미 삼아 해보려는 마음의 여유를 갖는 게 중요하다. 그러니 정리하기 전에는 먼저 정리할 구역을 세세히 나누어보자.

# 버리기의 기준

집을 치울 때마다 물건을 버릴지 말지 일일이 고민하다 보면 시간은 시간대로 걸리고 금세 지치기 마련이다. 자기 나름의 정리 기준을 미리 생각해두면 편하다.

그동안 내가 효과를 본 기준 중에서 특히 불어나는 속도가 빠른 품목들인 옷과 책을 한결 수월하게 정리할 수 있게 도와준 기준을 소개한다. 사람마다 기준은 달라질 수 있으니 내가 소개하는 내용을 참고해 각자에게 맞는 방식을 찾아보면 좋겠다.

## 1년 동안 안 입은 옷의 90%는 평생 입지 않는다

'나중에 입을지도 모르잖아?' 지금 당장은 안 입지만 이런 생각으로 정리를 망설이게 될 때가 나에게도 종종 있다. 그런데 경험에 비추어보면 1년 동안 입지 않은 옷은 나중에도 입지 않는다. 그 옷에 손이 가지 않는 이유가 있을 테고 그 이유가 해결되지 않는 한 상황은 바뀌지 않기 때문이다. 기장이 짧아서 어딘지 모르게 어색하게 느껴지거나 무거워서 어깨가 결린다는 이유로 손이 가지 않는 옷은 시간이 흘러도 역시나 입지 않는다.

게다가 매년 유행은 조금씩 바뀌고 있기 때문에 이런저런 핑계를 대는 사이에 유행에도 뒤처져서 더욱 찾지 않게 된다. 기본 아이템이니 괜찮을 거라고 생각할지도 모르지만 기본적인 아이템일수록 트렌드에 민감하다. 그 흔한 흰 셔츠만 보더라도 매년 실루엣과 소재감이 달라지니 말이다.

그러니 1년 동안 한 번도 입지 않은 옷은 유통기한이 만료된 것으로 간주해야 한다. 살면서 고민해야 할 중요한 문제는 이 밖에도 많다. 기준을 정해놓으면 대수롭지 않은 일에 소중한 에너지를 낭비할 필요가 없다.

### 이 옷을 입고
### 누군가를 만나고 싶은가

특히 옷은 버릴 시기를 판단하기 어렵다. 옷의 수명은 언제까지일까? 입고 나갈 옷을 고를 때 약속 장소에 입고 가고 싶다는 생각이 드는지가 하나의 기준이 될 수 있다.

예를 들어 오랜만에 친구들을 만나기로 한 날 옷장을 둘러봤을 때 물이 빠졌거나 보풀이 일어나 선뜻 손이 가지 않는 옷이 있다. 이런 옷을 입으면 입고 있는 내 기분도 유쾌하지 않다. 남을 만날 때 입고 싶지 않은 옷은 수명을 다한 것으로 간주하고 홀가분하게 버리자.

### 이 속옷 차림으로
### 구급차에 실려 가도 괜찮을까

인스타그램에서 정리 정돈 정보를 공유하는 인플루언서 유리상(@yur.3)이 한 말이다. 누구나 '뜨끔'하는 말 아닐까 싶다. 나도 병원에 가서 진찰대에 눕느라 신발을 벗었다가 양말에 시원하게 구멍이 나 있어서 얼굴을 붉혔던 경험이 있다. 두 번 다시 겪고 싶지 않은 경험이다. 지금 입고 있는

잠옷과 속옷 그대로 구급차에 실려 가도 정말 괜찮은가?

## 책은 아웃풋을 만들고
## 정리한다

비즈니스나 자기 계발 분야의 책은 내용을 잊어버리기 싫어서 선뜻 정리하지 못하는 경우가 많다. 그런데 책 내용을 기억하지 못하는 건 책을 읽고서 아무 활동도 하지 않았기 때문이다.

세계적인 뇌과학자인 도쿄대학교 이케가야 유지 교수의 말에 의하면 정보를 아무리 머리에 집어넣더라도 아웃풋이 없으면 정보가 기억으로 바뀌지 않는다고 한다.

나는 책을 읽고 나면 기억에 남는 문장과 독서 감상을 독서 애플리케이션에 남긴다. 나만 보는 메모라서 키워드만 몇 자 써놓기도 하는데 이렇게 최소한의 아웃풋만 있어도 생각이 정리되고 키워드를 보면 내용이 얼추 떠오른다. 그러면 책을 정리하기도 수월하다.

다 읽고 정리한 책을 다시 읽고 싶다면 도서관에서 빌리는 방법이 있다. 요즘은 원하는 도서가 자주 찾는 도서관에 없을 경우 같은 지방 내 도서관에서 대여해 받아 보는 상호

대차 책마중 서비스도 잘 되어 있다. 이렇게 편리한 서비스는 적극 활용하자.

### 한 번 버린 것을 다시 사야 할 때 드는 비용

이건 나의 동거인의 이야기다. 본가에 책 일부를 남겨두었는데 얼마 전 부모님이 집을 정리하면서 책들을 팔아버렸다고 했다. 그중에는 지금은 구하기 힘들어 비싼 값에 중고로 거래되는 책도 있었는데, 책을 사들인 중고 프랜차이즈에서 값을 좋게 쳐주었을 리 만무하고 다시 사려고 해도 부모님이 헐값에 정리한 금액의 몇십 배나 되는 가격이라는 거다. 울며 겨자 먹기로 포기할 수밖에 없었다.

그러니 물건을 정리할 때는 혹시라도 다시 사야 하는 일이 생겼을 때 내가 판 금액에 비추어 어느 정도의 가격에 살 수 있는지, 되사는 가격이 더 비싸지는 않는지를 살펴서 정해도 좋을 것 같다. 되사는 금액이 저렴하다면 정리하는 부담도 적다. 훗날 필요하면 다시 사면 그만이니 말이다.

# 일단 해보기

정리를 위해서 먼저 기준을 정해두고 논리적이면서 냉정하게 불필요한 물건을 가려내자고 이야기했다. 그래도 여전히 망설여질 때는 있다.

'버릴지 말지 고민된다면 이제는 없어도 되는 물건이라는 뜻이다. 고민스럽다면 시원하게 버리자. 정말로 필요한 물건은 버릴까 하는 생각조차 들지 않는다.' 미니멀리스트들이 자주 하는 말이다.

그런데 없다고 딱히 생활에 지장이 있는 건 아니지만 있으면 꽤 편리한 물건도 있다. 버리고 나서 뒤늦게 '그건 있을 때가 좋았는데' 하고 아쉬워하기도 한다. 없이 지내보아야 비로소 알 수 있는 것들이다. 그러니 망설이는 마음도 이해는 된다. 이럴 때는 버린 셈 치고 지내보는 방법이 있다.

한때 텔레비전을 버려야 하나 고민했던 적이 있다. 텔레비전 방송을 자주 보지는 않았지만 주로 영화를 볼 때 모니터로 쓰곤 했다. 그런데 가지고 있는 태블릿 PC를 모니터로 쓰면 되니까 텔레비전이 꼭 필요할까 싶었다. 그래서 텔레비전을 버린 셈 치고 옷장에 넣어두고서 텔레비전 없이 지내보기로 했다. 3개월 뒤, 텔레비전은 없어도 괜찮겠다는 확신이 들어서 비로소 버릴 수 있었다.

## '이것저것 생각하기 전에 일단 움직여라'

선(禪)의 가르침이다. 직접 해볼 때 비로소 깨닫는 것이 있다. 망설일 시간에 행동으로 옮기면 마음도 가뿐하다. 버리면 불편해지진 않을지 걱정스러워서 선뜻 버리지 못하겠다면 물건을 '보류 상자'에 넣어 안 보이는 곳에 얼마간 잠재워두자. 보류 상자에 넣어둔 기간 동안 쓰는지 안 쓰는지에 따라 답은 저절로 나온다. 사용했다면 다시 수납하고 생각조차 나지 않았다면 그대로 버리면 된다.

# 개인 공간과 공유 공간

'다 정리하고 홀가분하게 살고 싶은데 남편이 그 많은 물건을 정리할 생각조차 안 해요.' 자주 듣는 한탄이다. 함께 사는 가족의 물건에 참견하고 싶은 마음도 알 것 같다. 하지만 가족의 물건을 마음대로 버렸다가는 서로 감정이 상할 게 뻔하다. 그렇다고 혼자 꾹 참다 보면 스트레스가 쌓인다.

가족과 함께 산다면 집에 있는 물건은 혼자만 쓰는 물건과 함께 쓰는 물건으로 나눌 수 있다. 우리 집에서는 물건을 수납할 곳과 관리 방법을 개인 물건과 공용 물건으로 나누어서 생각한다. 즉, **수납공간을 개인 공간(개인 수납)과 공유 공간(공유 수납)으로 구분**하는 식이다. 예를 들어 우리 집 옷장은 총 3칸인데, 하나는 내가, 다른 하나는 아내가, 남은 하나는 공유 공간으로 쓰고 있다.

개인 수납장은 말하자면 개인용 로커다. 옷, 가방, 이불, 카메라, 서류 같은 개인 소지품을 수납한다. 개인 로커 안은 서로 참견하지 않으니 싸울 일도 없다. 가끔 서로의 옷장을 구경하면서 수납 방법에 관해 이야기하기도 하지만 이래라 저래라 참견하지는 않는다. 자기 물건은 각자가 책임지고 관리한다.

공용 물건은 공유 수납장에 보관한다. 오래 보관할 수 있는 가공식품, 스토브나 서큘레이터 같은 계절 가전제품, 피크닉 용품, 버리기 직전의 물건을 담아두는 보류 상자, 약, 영양제, 세제, 휴지 같은 것들이 있다. 옷장 문을 열면 조금 정신없어 보이기는 해도 문을 닫으면 그만이니 물건을 가려주는 용도의 수납함은 따로 두지 않았다. 바로 꺼내서 쓸 수 있었으면 해서다.

수납공간을 개인 공간과 공유 공간으로 구분하는 방법은 옷장은 물론이고 책장과 세면대 수납장에도 활용할 수 있다. 한쪽은 내가, 다른 하나는 파트너가 쓰고 있다.

가족 모두가 쾌적하게 지내려면 규칙이 필요하다. 개성이

서로 다른 두 사람이 만나 함께 사는 만큼 팀워크를 돈독히 하려면 문제점을 발견했을 때 의견을 나누고 뜻을 모아 규칙을 세워야 한다.

다만 규칙에만 의존하면 융통성이 떨어져 힘들 수 있으니 너무 얽매여서는 안 된다. 상황에 맞게 직접 판단하고 서로의 생각을 존중하면서 최소한의 규칙만 두는 게 좋다.

# 장소별 정리 정돈

본격적으로 집을 정리하기 전에, 장소별 정리 정돈 방법에 관해 구체적으로 이야기해보려 한다.

## 현관

집을 드나드는 곳이니
말끔하게

현관은 사람뿐 아니라 운기가 드나드는 곳이다. 이는 딱히 풍수지리에 국한된 이야기는 아니다. 이를테면 밖에서 열심히 일하고 지친 몸으로 집에 돌아왔는데 현관에 신발과 우산이 어지럽게 늘어져 있으면 괜스레 더 피곤한 것 같고 집을 나설 때도 물건이 산란한 현관을 지나면 기분이 영 산뜻하지 않다. 현관부터 말끔한 집에는 다시 놀러 가고 싶다는 생각이 든 적 없는지?

이렇게 현관과 운기가 관련이 있다는 점은 누구든 알게 모르게 느낀 적이 있을 거다. 우리 집은 행운의 신이 들어와 보고 싶어 하는 집이었으면 좋겠다.

그러려면 먼저 불필요한 물건을 버려야 한다. 우산이 쓸데없이 많지는 않은지, 밑창이 다 닳은 신발은 없는지, 버리려다가 깜빡하고 둔 신문이나 전단지 뭉치는 없는지, 현관 매트가 너덜너덜하지는 않은지 살피고 이러한 것들은 바로 버린다.

우리 집 현관에는 물건이 하나도 나와 있지 않다. 신발은 신발장에 딱 들어가는 다섯 켤레만 엄선해 남겨두었다. 집에 돌아오면 신발은 신발장에 넣고 신발 습기를 날리기 위해 잠시 신발장 문을 열어둔다. 신발장 한 칸에는 우산과 가죽 신발 클리너를 두고, 열쇠는 신발장 문 안쪽에 걸어둔다. 한때 현관문에 마그넷 수납 용품을 붙여두기도 했는데 다 떼어버렸다. 아무것도 없는 현관은 말끔해서 속이 다 시원하다. 그 대신 현관문에 도어 벨을 달았다. 집에 돌아오면 반짝이는 듯한 효과음이 맞이해 준다. 그리고 노구치 이사무가 디자인한 조명을 가져다 놓았다. 현관을 들어서면 닥종이를 통해 새어 나오는 부드러운 빛이 우리 집에 들어선 이를 반긴다.

이렇게 소리와 빛으로 공간에 소소하게 포인트를 주면 별다른 물건이 없어도 근사한 분위기를 낼 수 있다.

## 거실

### 바닥은<br>훤히 보이게

가족이 한데 모이는 거실은 생활의 중심이다. 거실이 어질러져 있으면 가족끼리 부딪치기도 쉽고 알게 모르게 스트레스를 받는다. 시각적인 부분이 심리에도 영향을 미치기 때문이다. 그래서 나는 거실 바닥을 되도록 비워두려 하는 편이다. 바닥의 절반 이상의 면적에는 아무것도 없어야 거실에서 보내는 시간이 풍성해지는 것 같다.

바닥에 물건이 나뒹구는 모습을 당연하게 여기고 있지는 않은지 돌아보자. 바닥에는 아무것도 두지 않는 게 좋다. 그러면 바닥 청소할 때도 덜 번거롭다. '이거 하나쯤이야' 하고 가볍게 생각하지 말기를. 불필요한 물건이 하나라도 바닥에 굴러다니면 그 주변으로 물건이 하나둘 모여들기 마련이니 말이다.

그러니 물건은 정해진 곳에 수납하자. 수납공간이 가득 차 더 이상 들어가지 않는다면 불필요한 물건을 솎아낸 뒤 수납하면 된다.

가끔 부모님 댁에 가면 바닥에 신문이나 잡지가 쌓여있거나 식재료가 놓여 있곤 한다. 안 쓰는 물건은 버리고 바닥에 나뒹구는 물건들을 말끔히 치우는 게 내가 부모님 댁에 가면 늘 하는 일이다. 치우고 나면 가족들의 얼굴이 환해진다. 다음번에 부모님 댁에 가면 다시 뭐가 많아져 있긴 하지만.

## 주방

### 적당히 꺼내놓으면 딱 좋다

주방은 맛있는 음식을 만드는 곳이다. 요리는 창의적이고 즐거운 일. 주방이 정신없고 지저분하면 맛있는 걸 만들어야겠다는 마음도 싹 가신다. 말끔히 정돈되어 있어 필요한 주방용품과 양념을 바로 꺼내 쓸 수 있는 주방이 좋은 이유다.

그러려면 주방용품은 밖에 늘어놓지 않아야 한다. 아무리 조심해도 가스레인지 주변에는 기름이 튈 수밖에 없다. 기름이 눌어붙은 가스레인지는 청소가 만만치 않은 만큼 물건은 되도록 올려두지 않는다.

그럼에도 매일 쓰는 주방용품은 꺼내놓는다. 계량컵, 주방용 가위, 국자 같은 것들은 자주 쓰는 만큼 금방 집어서 쓸 수 있었으면 좋겠다. 사용 빈도가 높은 물건은 꺼내놓는 게 답이다. 최소한의 것만 꺼내놓으면 청소하기에도 요리하기에도 번거롭지 않고 딱 좋다.

잡지에서 종종 프로 요리사의 주방을 볼 때가 있다. 가지각색의 주방용품이 벽과 조리대에 펼쳐져 있고, 세월을 타 정취가 느껴지면서도 길이 잘 들어 있는 모습에 넋을 놓고 들여다보게 된다.

하지만 이건 구석구석 손길이 미치고 관리가 되기에 가능한 풍경이다. 칠칠치 못한 나와 비좁은 우리 집 주방에는 어울리지 않는 것 같아 흐뭇하게 잡지를 들여다보는 데에 만족하고 있다.

## 옷장

## '매일 다른 옷'의 저주

옷장을 열었을 때 그날 입고 싶은 옷을 바로 집을 수 있는가? 옷장에는 마음만 먹으면 옷을 얼마든지 빽빽하게 넣을 수 있다. 지금 내가 쓰는 폭 90cm 옷장에는 총 열한 벌의 옷이 걸려있는데 가득 채우면 아마 몇 배는 더 들어갈 것이다.

하지만 출근길 지하철처럼 옷이 옷장에 꽉 들어차 있으면 무슨 옷이 어디에 있는지 알기 힘들고, 옷을 넣고 빼기도 힘들고, 환기도 잘되지 않아서 옷이 망가지기 쉬우니 좋은 점이라곤 하나도 없다.

그래서 정기적으로 살피면서 입지 않는 옷을 솎아내 빽빽한 지옥철이 아니라 앉아갈 수 있는 한적한 지하철처럼 여유로운 상태를 유지하려 신경 쓴다.

나는 한때 매일 다른 옷을 입어야 한다고 철석같이 믿었다. 스타일리스트 지비키 이쿠코는 저서 《옷을 사려면 우선 버려라》에서 이런 고정관념을 '매일 다른 옷의 저주'라고 부르면서 잡지와 의류 업계가 만들어낸 망상이라고 지적했다.

멋이란 결코 매일 새로운 옷을 입는 데 있지 않다. 자기에게 어울리는 것을 찾아내는 데 있다. 옷을 얼마나 많이 가지고 있는지는 중요하지 않다. 멋을 아는 사람은 자기 장점을 돋보이게 해주는 스타일을 잘 알고 자기만의 스타일이 확고하다.

그러니 아직 입을 수 있는 옷이든 비싸게 주고 산 옷이든, 나와 맞지 않는다는 생각이 들거나 입었을 때 어딘지 모르게 찜찜하다면 과감하게 정리하자.

나는 여기에서 한발 나아가 사복을 유니폼처럼 정리해 두고 입는다. 평일이든 휴일이든 상관없이 입을 옷을 시즌마다 엄선하고 고정해서 몇 벌을 가지고 돌려 입는 거다. 옷장에는 고르고 고른 옷만 있으니 매일 마음에 드는 옷을 입을 수 있어서 좋고, 입는 옷 패턴이 정해져 있으니 매일 아침 무엇을 입을지 고민하는 시간과 품도 줄일 수 있다.

## 책장

### 필요 없는 책을 버리면<br>책이 더욱 좋아진다

책을 아끼는 사람이 책을 정리하는 데엔 꽤 용기가 필요하다. 1년에 700권이 넘는 책을 읽는다는 서평가 인나미 아쓰시는 더는 책을 둘 곳이 없어 집에 있는 책을 절반으로 줄였는데 책을 줄이고 나니 새로운 책과의 만남이 더욱 기대된다고 했다.

나도 정기적으로 책장을 정리하면서 여유가 있는 상태를 유지하고 있다. 여유로운 책장은 새로운 책을 만나는 장이 되어줄 테니 말이다.

## 화장실

어디보다도
청결하게

그러고 보면 예로부터 화장실에는 수호신이 있어서 화장실을 깨끗이 청소하면 좋은 일이 생긴다는 말이 있었다. 수호신이 정말로 있는지는 나로선 알 길이 없지만 화장실은 특히 궂은 역할을 떠안고 있는 만큼 다른 장소보다 더 감사한 마음을 담아 청소한다. 내심 어느 곳보다도 정성을 들여 깨끗하게 청소하지 않으면 벌받을지도 모른다고 이따금 생각하곤 한다.

그래서 나는 청소하기 수월하도록 화장실 바닥에는 아무것도 두지 않는다. 매트도 깔지 않았다. 덕분에 매일 가뿐히 바닥을 닦을 수 있다. 매일 조금씩 청소하면 청소하는 데 시간도 오래 걸리지 않는다. 매일 청소하니 오히려 쾌적한 상태가 항상 유지된다.

게다가 화장실 바닥이 늘 깨끗하면 슬리퍼도 딱히 필요 없다. 맨발도 문제없다.

참고로 우리 집 화장실에는 수납함이 따로 없다. 휴지 여분은 압축봉을 하나 설치한 다음 그 위에 기대어 쌓아두고 있다.

## 욕실

겨우 물방울,
그래도 물방울

욕실의 가장 큰 골칫덩이는 곰팡이다. 곰팡이의 온상인 습기를 없애기 위해 틈틈이 환기하면서 건조하게 관리하려 신경 쓴다.

그래서 실제로 욕실을 사용할 때가 아니면 욕실에는 되도록 물건을 두지 않는다. 우리 집 욕실에는 대야도 욕실 의자도 없다. 물건이 있으면 접촉면에 물이 고여 곰팡이와 물때의 원인이 되기 때문이다.

무언가를 꼭 두어야 한다면 허공에 띄워놓는다. 타월 행거에 걸거나 샴푸와 컨디셔너도 행거 위에 올려둔다. 그 외의 것들은 씻을 때 가지고 들어갔다가 다시 가지고 나오는 식이다.

# 작은 공간을 위해 버린 물건들

우리 집은 좁다. 약 35㎡ 맨션에서 두 사람이 살고 있다. 어느 조사에 따르면 일본인 한 명당 평균 주거 면적이 36㎡라고 하니, 단순히 일본의 평균과 비교하면 우리 집은 한 명당 주거 면적이 평균의 절반도 되지 않는 셈이다.

집이 좁다 보니, 당연한 말이지만 남들처럼 갖고 싶은 물건을 다 집에 들이면 집이 물건으로 가득 차 답답해진다. 이것도 저것도 갖고 싶은 욕심은 내려두고 때로는 깨끗이 포기해야 한다.

취사선택할 때 중요한 건 당연히 여겼던 행동을 의심해보는 자세다. 없이 지내보니 의외로 괜찮고 없으니까 오히려 좋다는 나만의 발견으로 이어지기도 한다.

아인슈타인은 상식이란 18세까지 몸에 익힌 편견의 집합이라고 말했다. **당연히 필요할 거라는 우리의 상식은 어쩌면 어릴 적 부모에게서 물려받은 편견**일지도 모른다.

필요한 물건과 불필요한 물건은 저마다 다르다. 라이프스타일도 다르고 사는 집의 크기도 놓인 상황도 제각각이기 때문이다. 그럼에도 타인의 생활 방식은 참고로 삼을 만하다. 지금부터는 내가 무엇을 어떤 생각으로 정리했는지 이야기해보려 한다.

### ① 장우산

수납할 공간이 마땅치 않아서 버렸다. 3년 넘게 접이식 우산을 쓰고 있는데 도쿄는 비가 적게 내리는 편이어서 딱히 불편하지는 않다. 하지만 비가 많이 내리는 지역, 이를테면 내가 태어난 후쿠야마에서는 장우산이 필요할지도 모르겠다.

② 러그

바닥에 까는 러그나 주방 매트에는 먼지와 머리카락이 잘 들러붙는다. 청소기를 돌려도 늘 먼지가 남아 있는 것 같아 영 찜찜했는데 버리고 나니 정말이지 후련했다. 발이 시리면 양말이나 슬리퍼를 신으면 된다. 러그에 비하면 세탁도 훨씬 쉽다.

③ 청소기

러그를 버리고 나니 딱히 쓸 일이 없어서 정리했다. 바닥 청소는 바닥 와이퍼와 물걸레질로 대신한다. 딱히 불편한 점은 없다.

④ 텔레비전

모처럼 가족과 거실에서 시간을 함께할 때는 이런저런 이야기를 나누고 싶은데 텔레비전이 있으면 자꾸만 전원 버튼을 누르게 된다. 딱히 보고 싶은 게 있는 것도 아닌데 말이다. 시험 삼아 버린 셈 치고 생활해보았는데 불편한 점이 없어서 정리했다.

### ⑤ 소파

원래 다이닝 테이블 옆에 소파를 두었는데 답답해 보여서 정리했다. 그 대신 편하게 앉아 쉬고 싶을 때는 아웃도어 체어를 쓴다. 내가 좋아하는 헬리녹스의 택티컬 체어는 무게도 900g으로 무척 가벼워서 한 손으로 들어서 옮길 수 있을 정도다. 기분 내키는 대로 발코니에 앉아 하늘을 올려다보며 느긋한 시간을 보내기도 한다. 캠핑이나 피크닉 갈 때도 쓸 수 있고 안 쓸 때는 작게 접어 보관할 수 있는 점도 마음에 든다.

### ⑥ 선반

주방 선반과 식기 수납장을 들이려던 마음은 접었다. 세월의 흔적을 간직한 빈티지 가구 하나만 있어도 집 안 분위기가 확 살아서 장만하고 싶은 마음은 굴뚝같지만, 우리 집에 두면 집이 더욱 답답해 보여서 분위기를 따질 상황이 아니다. 집이 좁으니 수납 가구를 들이는 대신 붙박이 수납장을 최대한 활용하기로 했다. 식기와 조리도구는 물론 전자레인지도 주방 붙박이장에 넣어두고 쓰고 있다.

⑦ 전기밥솥

밥은 스타우브 무쇠 냄비에 하는데, 이게 그렇게 맛있다. 매일 밥을 짓는 집이라면 이걸로 충분하지 않을까 싶다. 불편한 점을 꼽자면 조금 무겁다는 것. 그래서 딱 2인분만 지을 때는 캠핑용 코펠을 쓴다. 작고 가벼운 데다가 밥 짓는 시간도 냄비와 얼추 비슷하다. 가스나 전기가 끊긴 재난 상황에서도 아웃도어용 버너만 있으면 밥을 지을 수 있으니 재난 대비도 되는 셈이다.

⑧ 토스터

생선 그릴을 토스터용으로 쓰는데 생선 냄새가 배지도 않고 제법 노릇노릇하게 구워진다. 익숙해지기 전까지는 태워 먹기 쉬우니 타이머를 맞춰놓고 굽는 게 좋다. 대신, 집에서 생선 요리를 해 먹고 싶을 때는 프라이팬으로 조리할 수 있는 메뉴를 고른다.

⑨ 식기 건조대

우리 집 싱크대는 좁아서 식기 건조대를 올리면 요리할

만한 공간이 없다. 그래서 식기 건조대 없이 지내보았는데 딱히 불편한 점이 없어 지금에 이르렀다. 설거지할 때는 헹군 그릇들을 차곡차곡 포개두었다가 행주로 물기를 닦고 싱크대에 남은 물기까지 닦아내면 설거지 끝이다.

### ⑩ 배스 타월

우리 집에서는 배스 타월은 쓰지 않고 페이스 타월만 쓴다. 페이스 타월은 크기가 배스 타월의 3분의 1밖에 되지 않아서 세탁물의 양이 눈에 띄게 줄고 마르기도 잘 마르기 때문이다.

그렇다면 타월이 조금 더 작아도 괜찮지 않을까? 이런 생각으로 손수건을 페이스 타월 대신 써본 적이 있는데 역시나 흡수력이 아쉬웠다. 타월 특유의 폭신함이 가져다주는 행복을 뼈저리게 느꼈다.

### ⑪ 빨래 바구니

빨랫감은 바구니에 모아두었다가 빨래할 때 망에 넣어 세탁하는 집이 많을 것 같다. 그런데 어느 날 문득 '그냥 처음부터 빨랫감을 세탁 망에 넣어두면 되는 거 아냐?'라는 생각이 들었다. 그래서 지금은 세탁기 위에 파트너와 내 세탁망을 각자 걸어두고 세탁물을 넣는다. 빨래를 돌릴 때는 세탁 망 지퍼를 닫고 세탁기에 넣기만 하면 된다. 참고로 세탁물을 세탁조에 넣어두는 건 곰팡이가 필 수 있어서 바람직한 방법이 아니라고 한다.

### ⑫ 섬유유연제

섬유유연제의 정체에 대해 아는가? 바로 기름이다.

섬유유연제는 섬유를 기름 막으로 코팅해 촉감을 부드럽게 하고 정전기를 덜 나게 해주는 역할을 한다고 한다. 그런데 이렇게 코팅해 버리면 타월은 흡수성이 나빠지고 빨리 마르지도 못해 세균이 쉽게 번식하게 되는 문제가 있다.

섬유유연제는 원래 물속에 칼슘이나 마그네슘 같은 물질이 많은 경수 환경인 외국에서 쓰기 시작한 것이다. 그러니 일본처럼 연수가 나는 곳에서는 굳이 쓰지 않아도 괜찮다고 한다. 나도 섬유유연제를 쓰지 않고 지낸 지 몇 년이 흘렀지만 딱히 불편하지 않다.

### ⑬ 다리미

다리미는 다리미판을 꺼내는 게 번거로워 언젠가부터 쓰지 않게 되었다. 그래서 다리미를 처분하고 핸디형 스팀다리미를 쓰고 있다. 다리미만큼 말끔히 펴지지는 않아도 주름의 70% 정도는 펴지니 주로 캐주얼한 옷을 입는 나에게는 충분하다.

### ⑭ 여분의 시트/이불 커버

침대 시트와 이불 커버는 개어놓으면 부피가 제법 커서 공간을 많이 차지한다. 나는 시트, 이불 커버, 배게 커버는 리넨 원단으로 만든 것 하나씩만 가지고 지낸다.

리넨은 여름용이라는 편견이 있지만 겨울에 써도 쾌적하다. 리넨의 미세한 기공이 공기를 품어주는 덕에 단열이 잘 돼 따듯하다. 한편 여름에는 땀을 효과적으로 흡수해줘 쾌적하게 쓸 수 있다. 마르기도 잘 말라서 세탁하더라도 따로 여분이 필요치 않다. 아침에 빨아 널어두면 저녁에는 바싹 마른다. 말하자면 리넨은 홀가분한 생활을 가능케 하는, 침구로 쓰기 안성맞춤인 소재인 셈이다.

## ⑮ 코트

등산을 시작한 뒤로 옷들은 아웃도어용으로도 입을 수 있는 것들로 서서히 바꿨다. 정리한 옷 중에는 롱코트와 다운코트도 있다. 이너다운, 플리스, 방수 재킷으로 코트를 대신할 수 있어서다.

아웃도어 옷은 레이어드가 기본이다. 보온성을 갖춘 옷과 방풍·방수 기능을 갖춘 옷을 여러 겹 겹쳐 입으면 기온 및 기후 변화에 폭넓게 대비할 수 있다. 이 원리를 활용하니 부피를 차지하던 코트가 사라졌고 옷장도 널찍해졌다.

# 버리기 아까운 물건 처리하기
# 쓰지 않지만

집이든 옷장이든 말끔히 치우려면 먼저 안 쓰는 물건을 처분해야 한다. 그런데 안 쓰는 물건을 처분하는 것도 꽤 고생스러운 일이다. 쓸 만한 물건에는 새 주인을 찾아주는 게 물건에도 행복한 일 아닐까? 정리는 하되 버리고 싶지는 않다. 그리고 기왕이면 편하고 빠르게 정리할 수 있었으면 좋겠다.

그래서 이런 점을 감안해 내가 자주 쓰는 물건 처리 방법을 소개한다.

## 중고 거래 애플리케이션 및 옥션 사이트

상태가 양호한 물건은 중고 거래 애플리케이션을 활용해 판매해보자. 나도 지금까지 옷, 가방, 가전제품, 식품 등 다양한 물건을 수십 개는 팔아보았다. 예상보다 꽤 비싸게 판 적도 있다. 일단 절차에만 익숙해지면 생각보다 쉽다.

중고 거래 애플리케이션으로 물건을 팔 때는 스마트폰 카메라로 사진을 여러 장 찍고 설명을 몇 줄 적은 다음 가격을 설정해 업로드하면 된다. 가격은 애플리케이션에 올라온 비슷한 상품의 시세를 참고해 설정한다. 매매가 성립되면 사람을 직접 만나 전달할 때도 있고 택배로 보내줄 때도 있다.

그런데 판매가가 너무 저렴하면 괜히 수고스럽기만 할 수도 있으니 잘 따져보아야 한다. 아무리 절차가 간단하고 시간이 적게 든다고 해도 최소 15분은 걸린다. 때론 흥정을 해야 하는 수고로움도 따르고 경우에 따라 직접 만나야 하는 경우도 있어서 별도의 시간도 소모된다. 나는 만 원이 넘는 가격에 팔 수 있는지를 기준으로 두고 판매 가격이 만 원 이하일 때는 다른 방법을 고민한다.

신간이 아니면 대부분의 책은 중고 서점에 가져간들 좋은 가격을 받기 힘들다. 그래서 나는 기부 서비스를 이용한다. 헐값에 파는 것보다 사회에 보탬이 되는 편이 훨씬 보람 있으니까.

출간된 지 10년 이내의 도서는 수거 신청을 하고 포장을 해두면 택배 기사가 찾아와 수거해간다. 업체에서 검수를 거쳐 판매한 뒤, 그 금액만큼 기부 영수증을 발행해준다. 연말정산 시 기부금 내역에 반영되니 기부도 하고 세금 공제도 받고, 내 공간도 깨끗해지고, 책들도 의미 있게 쓰이니 이점이 어마어마하다.

기부 서비스(우리나라의 경우 국립중앙도서관이나 아름다운 가게 등을 통해 도서를 기부할 수 있으나 세부적인 조건은 기부를 받는 곳마다 다를 수 있다.)는 나날이 진화하고 있으니 검색해보면 책 이외에도 각자에게 맞는 좋은 서비스를 찾을 수 있을 거다. 옷을 기부하는 서비스도 있는데 많은 옷을 한꺼번에 기부하고 싶을 때 편리하다.

## 대형가구와 가전제품은 '지모티'

냉장고, 세탁기, 침대처럼 큰 가구를 중고 거래 애플리케이션으로 판매하려고 하면 운송비가 많이 들어서 배보다 배꼽이 커질 수 있다.

'지모티(우리나라로 치면 '당근마켓'과 유사하다.)'는 근처에 사는 사람과 직접 거래할 수 있는 커뮤니티 서비스로 특정 지역 내에서 물건을 가지러 와줄 사람을 찾거나 나에게 필요한 물건을 구할 때 유용하다. 개인이 광고를 올릴 수 있는 일종의 생활정보 사이트라고 할 수 있다.

나도 예전에 안 쓰는 침대를 처분할 때 이용한 적이 있다. 글을 올린 지 얼마 되지 않아서 바로 침대를 가져가겠다는 사람에게 연락이 왔고 집 앞까지 직접 차를 끌고 와주었다.

나한테 필요 없는 물건을 다른 사람이 기꺼이 사용해 주니 쓰레기도 줄일 수 있고 대형 폐기물로 배출하는 것보다 절차도 간편하다는 장점이 있다.

### 택배 매입

이사하면서 팔고 싶은 물건이 많거나 대형 가구를 팔고 싶다면 택배 매입이 편할 수도 있다. 물건을 팔기 위해서 직접 가게로 물건을 가져가야 하는 수고를 덜 수 있고 택배 상자에 넣어 발송하거나 업체에 따라서는 물건을 회수하러 집까지 와주기도 한다. 팔고 싶은 물건은 있는데 시간이 나지 않아 좀처럼 가게에 가지 못할 때 이용하기 좋다.

### 마음껏 가져가세요

가끔 걷다가 '마음껏 가져가세요'라는 종이가 붙은 물건이 집 앞에 나와 있는 모습을 본 적은 없는지? 나 역시 돈을 받고 팔자니 값은 별로 안 나가지만 버리기에는 아까운 물건, 특히 접시나 잡화 같은 것들은 이렇게 처분한다.

처음 물건을 내놓았을 때는 2시간 만에 다 사라졌다. 쓰레기가 생기지 않아서 좋고 새 주인을 찾아줄 수 있어서 더욱 좋다.

### 재활용

종종 불필요한 물건을 재활용해서 새로운 용도로 쓰기도 한다. 쓰지 않는 시트로 커튼을 만들고 안 쓰는 공간 박스를 잘라 주방 붙박이장에 넣어두고 쓰기도 한다.

재활용까지는 아니지만 사용하는 장소만 바꾸어도 제법 유용하다. 우리 집에서는 한때 책장으로 썼던 선반을 공유 수납장 안에 두고 비축품을 쌓아두는 용도로 쓰는데, 선반이 새 역할을 찾아 흐뭇하다.

### 청소용 행주

팔지도 못하고 기부하기에도 낯부끄러운 옷은 잘라두었다가 청소용 행주로 쓴다. 특히 면 소재는 흡수성이 좋아 행주로 제격이다. 가전제품을 닦거나 필터 청소할 때 등 다용도로 쓸 수 있어 유용하다.

집안일을 단순하게 만드는 작은 습관

Chapter 3

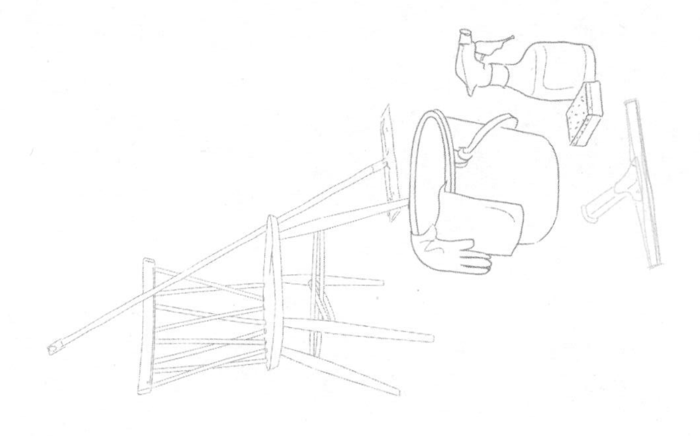

매일 청소한다고 하면 완벽주의자처럼 보일지 몰라도 알고 보면 오히려 그 반대다. 매일 꾸준히 하는 만큼 매번 100점짜리 청소가 아니어도 괜찮다.

# 집안일은 열심히 하지 않는다

우리 엄마는 집안일을 매일매일 완벽하게 해냈다. 아침마다 밥과 국은 물론이고 반찬도 몇 가지씩 만들었다. 하루도 빠짐없이 청소기를 돌렸고 바닥도 걸레질하는 걸 게을리하지 않았다. 빨래가 다 마르면 어김없이 빳빳하게 다림질을 했고 간식도 손수 만들어주셨다.

하지만 집안일에 쫓겨서 늘 여유가 없어 보였다. '이렇게까지 안 해도 되는데', '꼭 열심히 해야 하는 걸까' 어린 마음에도 이런 생각이 들 정도였다. 엄마가 집안일을 완벽히 해내는 것보다 그저 엄마의 웃는 얼굴을 좀 더 마주보고 싶었다.

사람은 집안일을 하려고 사는 게 아니다. 매일을 조금 더 풍요롭게 보내기 위해, 가족과 행복하게 지내기 위해 집안일을 할 따름이다. 밀린 집안일을 하느라 신경이 곤두서고 온 가족이 덩달아 집안일 걱정을 해야 한다면 과연 무엇을 위한 집안일이란 말인가.

방송인 타모리는 이렇게 말했다. "열심히 하면 지치잖아요. 지치면 아무래도 오래 가지 못하거든요." 열심히 하지 않아도 괜찮다니! 되뇔 때마다 긴장이 눈 녹듯 풀려서 좋아하는 말이다.

집안일은 매일매일 죽을 때까지 이어지니 굳이 애쓰지 않아도 된다. 집안일이 버겁게 느껴진다면 나 또는 가족의 생활에서 집안일이 차지하는 비중이 큰 건지도 모른다. 이럴 때는 부담감을 내려놓고 나에게 맞는 좀 더 수월한 방법을 찾아보면 어떨까?

나는 청소기는 안 돌리고(애초에 청소기가 없기도 하고) 밀대로만 바닥 청소를 한다. 저녁 식사는 건더기가 듬뿍 들어간 된장국이 메인이다. 핸디 스티머로 다린 셔츠에는 주름이 어렴풋이 남아 있다. 그래도 이 정도면 충분하다. 나의 매일매일은 산뜻하다.

집안일을 딱히 좋아하는 것도 아니고 맞벌이인지라 집안

일에 시간을 많이 들일 수도 없다. 집안일에 시간을 쓸을 바에는 차라리 집안일을 줄이고 남는 시간을 일이나 가족 나들이에 쓰고 싶다.

하지만 아무리 그래도 청소를 게을리하면 산뜻하게 지낼 수 없고 외식이나 편의점 음식으로 식사를 때우는 데에도 한계가 있다.

- 일상생활을 하기에 버겁지 않은 양
- 산뜻함은 느껴질 정도의 깔끔함

이 두 가지를 충족하는 집안일의 밸런스는 무엇인지, 한결 수월하게 집안일을 할 수 있는 방법은 없을지 줄곧 고민했다.

이번 장에서는 집안일 중에서도 비교적 부담이 큰 청소와 요리를 중심으로 집안일을 대하는 마음가짐과 간소화 방법을 소개하려고 한다. 하고 싶어서가 아니라 마지못해 하고 있다면 틀림없이 도움이 될 거라 생각한다.

## 조금씩 하는 게 좋을까? 청소는 매일

청소는 언제, 얼마나 자주 하면 좋을까? 지저분하다는 기준을 어디에 두느냐에 따라서 달라질 테고 혼자 사는지 가족과 함께 사는지에 따라서도 달라질 것 같다.

출근하지 않는 토요일과 일요일에 몰아서 청소를 해보기도 했다. 그런데 막상 화장실과 욕실을 청소하려고 하면 청소 시작 전부터 기분이 침울해졌다. 이때 조금이라도 주저하게 되면 '내일 해도 괜찮겠지?' 하는 유혹이 스멀스멀 피어오른다. 그러면 의지가 약한 나는 어김없이 몸이 편한 쪽을 선택하고 만다.

"청소는 지저분해지고 나서 하는 게 아니라 지저분하지 않아도 하는 것이다." 언젠가 청소를 업으로 삼은 분이 이런 취지의 말을 하는 걸 들은 적이 있다. 그러고 보면 한순간에 갑자기 더러워지는 건 없다. 일단 한 번이라도 사용하면 눈에 띄지는 않아도 얇은 종이가 겹쳐지듯 서서히 더러워진다. 딱 한 번 입은 하얀 셔츠가 언뜻 깨끗해 보여도 그대로 두면 땀 얼룩이 누렇게 변하는 것처럼 말이다.

그러니 눈에 띄게 더럽지 않아도 매일 조금씩 청소하는 습관을 들이는 게 좋다. 얼룩이 묻었을 때는 마르기 전에 바로 닦아내는 게 가장 좋은 것처럼 말이다. 그 대신 **1분 안으로 끝나는 겸사겸사 청소 수준에 그치는 게 습관화의 비결이다.**

이를테면 화장실에 들어가면 휴지로 휴지걸이와 변기 탱크를 닦고 세수하는 김에 매직 스펀지로 세면대 수도꼭지를 닦는다. '지금부터 청소할 거야!' 이렇게 기합을 잔뜩 넣고 청소하려고 하면 만만치 않지만, 한 번 쓴 뒤 깨끗이 정돈한다는 생각으로 청소 동작까지 함께 습관화하면 늘 쾌적한 상태를 유지할 수 있다.

처음에는 조금 귀찮을지 몰라도 익숙해지면 아무렇지 않다. 오히려 주말에 청소를 몰아서 할 때 느끼는 거북함에서 벗어날 수 있고 한번 청소하는 데 들이는 시간도 줄어든다. 몇 년째 겸사겸사 청소하는 습관을 이어오고 있으니 나에게는 이 스타일이 맞는 모양이다.

에세이스트 이치다 노리코는 꺼내기 번거로운 유선 청소기 대신 무선 청소기를 쓰기 시작했다고 본인 저서에서 밝혔다. 그런 다음부터 예전에는 일주일에 한 번 했던 바닥 청소를 매일 하게 되었는데 오히려 전보다 덜 귀찮게 느껴진다는 거다. 흡입력은 유선 청소기보다 못하지만 매일 청소하는 만큼 못다 빨아들인 먼지도 대수롭지 않게 여기게 되었다고.

매일 청소한다고 하면 완벽주의자처럼 보일지 몰라도 알고 보면 오히려 그 반대다. 매일 꾸준히 하는 만큼 매번 100점짜리 청소가 아니어도 괜찮다. 80점 언저리만 되어도 제법 쾌적하다. 그러면 20점만큼의 여유가 생겨 나만의 시간을 한껏 즐길 수 있다.

## 청소 도구는 늘 꺼내두기

청소 도구를 손이 바로 닿는 곳에 두면 '겸사겸사 청소'를 습관화하는 데에 도움이 된다. 주방, 욕실, 화장실에서 쓰는 **세제와 청소 도구는 청소해야겠다는 생각이 들었을 때 바로 집을 수 있는 곳**에 둔다.

나는 욕실 청소 세제와 스펀지를 욕실 타월 행거에 걸어두었다. 밀대도 집 한 귀퉁이에 꺼내두었다. 지금은 없지만 만약 청소기를 장만한다면 깔끔한 디자인의 무선 청소기를 손이 바로 닿는 곳에 두고 싶다. 플러그를 꽂는 행동조차 청소를 방해하는 요인이 되기 때문이다.

청소해야겠다는 마음은 금방 식는다. 청소를 가로막는 요소가 있으면 이내 의욕이 떨어져 나중으로 미루기 일쑤다. 그러니 마음먹었을 때 곧바로 청소할 수 있는 환경을 만들면 청소가 한층 수월해진다.

# 공기의 신선도

아침에 일어나 가장 먼저 하는 일은 창문을 열어 바깥 공기를 안으로 들이는 일이다. 몇 년 전부터 이어온 습관이라 이제는 너무나 당연한 일과가 되었다.

팬데믹 이후 빈도가 눈에 띄게 줄긴 했지만 남의 집에 놀러 가서 그 집 특유의 냄새를 느낀 경험은 아마 누구에게나 있을 거다. 슬프게도 정작 사는 사람은 자기 집에서 어떤 냄새가 나는지 알지 못한다. 아마 우리 집에도 특유의 냄새가 있을 텐데 집을 찾은 손님에게 불쾌한 기억을 안겨주고 싶지 않다.

집 냄새는 공기가 정체되면서 생기는 거라고 한다. 공기에는 점성이 있다. 말 그대로 끈끈한 힘이다. 집에 물건이 있으면 주변 공기가 물건에 엉겨 붙어 잘 흐르지 않게 된다. 바람이 불면 공기가 흐트러지기는 하지만, 물건이 많을수록 공기가 정체되는 곳이 많아져 냄새가 쌓인다.

따라서 집 냄새는 물건의 수에 비례한다고도 한다. 물건이 많으면 집 냄새에도 좋지 않은 영향을 미치는 거다. 그러니 집 냄새를 없애고 싶다면 물건을 줄여 통풍이 잘되는 환경을 만들어야 한다.

집에 물건이 많지 않더라도 밤 동안에는 집 안 공기가 정체하게 되니 아침에는 창문을 열고 신선한 공기를 집에 들이며 하루를 시작하는 게 좋다. 참고로 창문을 열 때는 한 곳이 아닌 두 곳 이상을 열어서 바람이 들어왔다가 나갈 길을 터주면 환기가 훨씬 잘 된다. 잠깐이라도 좋으니 매일 환기해보자.

공기도 살아 있다. 고여 있다고 좋을 건 없다. 마음에도 집에도 바람이 솔솔 통했으면 좋겠다.

# 딱 한 곳만 반짝이게

절에서는 매일 아침 시간을 내어 청소한다고 한다. 청소도 수행의 일환인데, 매일 정성껏 쓸고 닦으면 좋은 습관이 몸에 배어 마음에 여유가 깃든다는 거다.

누구를 위해서가 아니라 그저 매일 마음을 다해 청소하다 보면 마음도 자연히 말끔해진다. 그러고 보면 청결한 공간은 마음에도 긍정적인 영향을 미치는 것 같다.

평소에는 최소한의 청소만 하면서 로봇 청소기에 맡겨두고 편히 지내지만 **가끔은 직접 걸레를 들고 반질반질 윤기를**

**내본다. 그러면 마음도 반질반질 상쾌해져서 만족감이 꽤 크다.**

나는 마음이 번잡하고 영 개운하지 않을 때 어느 한 곳을 골라 반질반질하게 닦는다. 부엌 싱크대, 화장실 변기, 현관 바닥 어디든 좋다. 그저 무심하게 닦는 데에 마음을 쏟는다. 깨끗해졌을 때는 내 마음도 한층 산뜻해져 있다.

지금부터는 청소 방법에 대해 조금 더 구체적으로 이야기 해보려 한다.

### 바닥 청소의 정답

결론부터 말하자면 우리 집에 가장 효율적인 청소 방법은 매일 아침 밀대 청소인 것 같다. 참고로 로봇 청소기를 쓰지 않을 때의 이야기다.

바닥 청소는 눈 뜨자마자 하는 게 가장 좋다. 먼지는 사람이 걸어 다니기만 해도 공기 중에 떠오르는데, 다시 바닥에 가라앉기까지 무려 9시간이나 걸린다고 한다. 그러니 밤에 자는 동안 바닥에 내려앉은 먼지는 아침에 활동을 시작하기 전에 닦아내자.

이때 청소기가 아닌 밀대로 바닥을 닦는다. 청소기 배기구에서 나오는 거센 바람은 자는 동안 겨우 바닥에 쌓인 먼지를 날려버리기 때문이다. 아파트에서는 소음도 문제가 될 수 있다. 바닥 표면이 매끄러우면 밀대만으로도 먼지와 머리카락이 말끔히 닦인다. 말라붙은 얼룩은 물걸레로 닦아주면 된다.

나는 이런 식으로 날마다 바닥을 청소하고 있다. 아침에 일어나 창문을 열고 밀대로 바닥을 미는 게 매일 아침 나의 루틴이다. 매일 닦는데도 닦을 때마다 끊임없이 먼지와 머리카락이 나온다. 집 먼지의 대부분은 집 안 섬유에서 나오는 솜먼지라고 한다. 이불과 옷에서 생각보다 많은 먼지가 나오는 것이다.

심지어 먼지 1g 속에는 평균적으로 진드기 2,000마리와 곰팡이 포자 3만 개, 세균 800만 마리가 들러붙어 있다고 한다. 쌓인 먼지를 방치할 때 알레르기성 비염과 천식이 심해지는 건 이런 이유에서다.

바닥은 매일 닦지만 한 번 닦는 데 3분도 채 걸리지 않는다. 습관을 들이면 딱히 귀찮지도 않다.

### 세탁기 돌리기 전
### 겸사겸사 청소

세탁기 돌리기 직전은 겸사겸사 청소하기 딱 좋은 타이밍이다. 우리 집은 매일 아침 빨래를 돌리는데 빨랫감을 수거하면서 집 안을 도는 김에 겸사겸사 닦는다. 이 역시 하루의 루틴 중 하나다.

- 화장실 타월로 세면대와 거울 닦기
- 주방 수건으로 전등갓과 사이드보드 훔치기
- 욕실 앞 발 매트로 쓰는 타월로 화장실과 주방 바닥 닦기

이렇게 세 영역을 매일 한 곳씩 돌아가며 걸레질하고 닦은 타월과 수건을 세탁기에 넣는다. 걸레질에 드는 시간은 1분 남짓. '다 쓴 수건으로 걸레질을 한다고?!', '바닥을 닦은

수건으로 손을 닦는다고?!' 사람에 따라서는 손을 닦는 수건으로 걸레질을 하는 데에 거부감이 들 수도 있다. 나 역시 처음에는 그랬으니까.

바닥은 더러운 것, 세탁하기 직전의 타월은 더러운 것이라는 고정관념이 있어서 그렇다. 그런데 타월은 매일 세탁하는 데다 걸레질도 하루가 멀다 하고 하니까 애당초 그렇게 더럽지도 않다. 그럼에도 찜찜하다면 그 또한 틀린 건 아니다.

중요한 건 의심해본 적 없는 상식을 하나하나 풀어헤쳐서 다시 생각해보는 자세다. 직접 해보았는데 역시 별로라고 느낄 수도 있다. 하지만 청소가 한결 편해지기도 하고 새로운 생활 패턴의 발견으로 이어지기도 한다. 그러니 가끔은 다시 생각해보고 직접 해보며 느끼면 좋겠다.

깨끗한 부엌 1분 습관

## 요리와 뒷정리의 리듬

코로나19로 인해 줄곧 집에서만 지낼 때였다. 울적한 기분을 달래보려 평소라면 만들 엄두도 내지 못했을 정성스러운 레시피를 찾아 직접 요리하며 기쁨을 느끼던 때의 이야기다.

집에서 따라 할 수 있는 가정식 요리법으로 유명한 요리

연구가 고켄테쓰(고현철)의 유튜브 영상을 즐겨봤는데 그 중에는 아침을 차리는 지극히 평범한 영상도 있었다. 가족 수에 맞게 구운 베이컨 위에 달걀프라이를 올리는 게 영상의 전부였지만 내가 놀란 건 재빠른 손놀림이었다. 정성스럽지만 재빠르게, 주방에서의 몸놀림은 마치 일필휘지로 써 내려간 글씨처럼 군더더기가 없었다. 심지어 다 만든 음식을 접시에 담아냈을 때는 조리도구 설거지까지 말끔히 끝나 있는 게 아닌가.

영상을 다시 돌려보니 달걀을 깨서 프라이팬에 넣기가 무섭게 행주로 싱크대를 닦고 달걀이 팬에서 익어가는 동안 조리도구 설거지를 마친다. 요리하다가 잠깐 손이 빌 때마다 틈틈이 주방을 치우고 사용한 그릇 설거지까지 하는 거다. 참고로 요리용 볼과 주방 가위 설거지는 저마다 10초도 걸리지 않았다. 사용하고 나서 바로 씻으면 얼룩도 금방 닦이는 모양이다.

식사한 뒤 한꺼번에 설거지를 하려면 부담스럽다. 싱크대에 쌓인 냄비와 프라이팬 정리부터 시작해야 하니 말이다. 설거짓거리가 잔뜩 쌓인 싱크대를 보면 누구든 눈을 질끈 감게 된다.

하지만 요리 중간중간의 비는 시간에 틈틈이 주변을 정리하고 그릇을 치우면 요리의 흐름을 따라 경쾌한 리듬으로 뒷정리까지 마칠 수 있다. 프로 요리연구가에게 배운 비결이다.

## 뒷정리는 곧바로 한다

나는 저녁 식사를 마치면 바로 뒷정리를 한다. 정리를 뒤로 미루고 텔레비전을 보고 있자면 '설거지를 빨리하긴 해야 하는데' 하고 자꾸만 주방으로 눈길이 간다. 결국 무엇을 하든 설거지가 신경 쓰여 온전히 쉬지 못한다. 어차피 해야 하는 일이라면 빨리 끝내버려야 남은 시간을 마음껏 즐길 수 있다.

'그건 그런데, 귀찮으니까 자꾸 미루게 돼요.' 이런 한탄이 들리는 것도 같다. 그래서 추천하고 싶은 방법은 먹고 나면 바로 뒷정리하기로 정해두는 거다. 처음에는 쉽지 않아도 계속해서 되풀이하다 보면 어느새 몸에 익는다. 그러면 팔을 걷어붙이며 의지를 불태우지 않아도 몸이 저절로 움직이니 생각보다 편하다. 게다가 일단 설거지를 시작하면 눈앞의 일에 집중할 수 있어서 의외로 뚝딱 끝난다.

행동경제학에서는 의지력을 희소한 자원으로 여긴다. 귀

찮은 일을 뒤로 미루는 건 개인의 의지가 약해서가 아니라 사람은 원래 의지가 약하기 때문이라고 한다.

한편 업무든 집안일이든 늘 뚝딱 처리하는 추진력이 강한 사람도 있는데, 이 둘의 차이는 얼마나 추진력이 좋은지가 아니라 얼마나 행동을 습관화할 수 있느냐에 달렸다. 습관을 들이면 무언가를 의식적으로 하려고 애쓰지 않아도 되니 그만큼 의지력을 아껴둘 수 있다.

어떤 행동을 습관화하려면 직전 동작과 한 세트로 묶는 게 효율적이다.

- 아침에 일어나면, 창문을 연다.
- 식사를 마치면, 바로 치운다.
- 집에 돌아오면, 신발을 신발장에 넣는다.

이건 컬럼비아대학교의 하이디 그랜트 할버슨 박사가 제창한 '이프 덴(If-Then) 플래닝'이다. '○○하면 △△한다'고 정해두기만 하면 되니 이보다 쉬울 수가 없다. 습관으로 삼고 싶다면 스위치를 켤 타이밍을 정해두자.

## 행주 탐구 여행
## 기후에 맞는 전통 소재

행주는 잘못 말리면 쿰쿰한 냄새가 나서 무척 신경 쓰인다. 그래서 나는 행주를 매일 세탁하는 걸로 모자라 한 달에 몇 번씩 삶았는데 이게 은근히 수고스러웠다.

그러다가 시험 삼아 빨아 쓰는 키친타월을 행주 대용으로 써보았는데 꽤 괜찮았다. 여러 번 빨아서 쓸 수 있는 점이 가장 큰 특징인데, 이 점을 활용해 설거지를 마친 그릇의 물기를 닦아낸 뒤 연이어 테이블, 싱크대, 가스레인지 주변을 닦았다. 그런 다음 주방 바닥을 닦고 마지막으로 현관 바닥까지 걸레질한 뒤 하루의 마지막에 버렸다. 하루라는 짧은 시간 동안 깨끗한 곳부터 순서대로 닦은 다음 버리는 거다. 삶아야 하는 번거로움도 없으니 얼마나 위생적이란 말인가.

쓰는 입장에서는 꽤 편리해서 얼마간 만족스럽게 썼지만, 하루만 쓰고 버린다는 점 때문에 늘 죄책감 같은 게 마음에 남아 있었다. 그래서 조금 더 친환경적인 방법이 없을까 계속 고민하게 됐다.

그러다가 얼마 전부터 우연히 발견한 '사라시'를 쓰기 시작했는데 제법 괜찮다. 사라시는 표백한 무명천을 말하는데 통기성과 흡수성이 뛰어나 주방에서 두루두루 쓸 수 있어서 좋다.

흔히 10m의 두루마리 모양으로 판매되는데 필요한 만큼 잘라서 사용하면 된다. 칼집을 넣으면 손으로도 아주 손쉽게 찢을 수 있다. 정련을 거치지 않은 사라시라면 맨 처음 사용하기 전에 정련 과정을 통해 불순물을 제거하는 것이 좋다. 몇 차례 정련 과정을 거치면 자연스레 표백도 된다. 사라시와 가장 유사한 제품을 찾아보면 한국의 소창 원단이 있다(최근 우리나라에서도 제로웨이스트에 관한 관심과 친환경 소재에 대한 수요가 많아지면서 소창 원단을 사용하는 가정이 늘고 있다. 특히 강화도에서 생산한 소창 원단은 품질이 뛰어나 '강화 소창'이라는 별도의 이름이 있을 만큼 유명하다.).

우리 집에서는 사라시를 우선 설거지 후 그릇이나 싱크대에 남은 물기를 닦아낼 때 쓴다. 두 사람이 쓴 그릇의 물기를 말끔히 닦기엔 조금 아쉽지만 꼭 짜면 언제 그랬냐는 듯 잘 닦인다. 또, 채소 겉면의 물기를 제거할 때도 유용하다. 물기를 제거하면 채소의 식감이 살아 샐러드가 한층 맛있어진다. 두부나 그릭요거트 물기 제거에도 그만이다. 마르기도 잘 말라서 사용 후 빨아서 걸어두면 비 내리는 눅눅한 날에도 금세 마른다.

쓰고 나면 매일 빨고 있다. 키친타월과 달리 여러 번 쓸 수 있다는 점이 친환경적이라 지구에 미안한 마음도 덜하다. 가끔 삶기도 하지만 행주에 비하면 삶는 빈도도 낮다.

## 하루의 끝,<br>주방 리셋 루틴

사라시를 쓰는 우리 집 주방 정리 순서는 이렇다.

저녁 식사를 마친 뒤 그릇과 조리도구를 설거지하고 헹군 것들을 모아둔다. 식기 건조대가 따로 없으니 헹군 그릇들은 냄비나 큼지막한 그릇 안에 쌓아둔다. 그런 다음 설거지가 다 끝나면 사라시로 그릇에 남은 물기를 닦는다. 물기를 머금은 사라시의 물을 꼭 짜서 싱크대와 가스레인지까지 닦고 사라시를 한 번 헹구어 테이블을 닦는다. 마지막으로 사라시를 물에 헹궈 걸어두었다가 다음 날 아침 세탁기에 돌린다.

이렇게 사라시 한 장으로 그릇, 주방, 테이블을 모두 닦으면 저마다 용도에 맞게 행주를 따로 둘 필요가 없다.

여러 번 빨아서 쓸 수 있는 키친타월을 행주를 대신해 사용했을 때는 그날의 일과가 다 끝난 마지막에 주방 바닥과 현관 바닥까지 닦은 다음 쓰레기통에 버렸었다. 하지만 아무래도 사라시로 바닥까지 닦는 건 영 내키지 않았다. 그래서 지금은 매일 아침 세탁하기 직전에 전날 다 쓴 타월로 가볍게 닦아 청소하고 있다.

## 깨끗한 욕실 1분 습관

### 매일 1분 청소

목욕 후 빠르게 청소까지 마치고 나오는 게 우리 집 목욕 루틴이다. 겸사겸사하는 청소도 목욕의 일부인 셈이다.

욕실 타월 행거에 걸어둔 세제와 스펀지 브러시로 욕조, 바닥, 벽을 가볍게 문지르고 샤워기로 헹구기만 하면 끝이다. 딱히 더러운 곳이 없으니 청소는 몇 분이면 끝난다. 매일 반짝반짝한 욕조에 몸을 담글 수 있다는 점이 좋아서 별

써 몇 년째 이어오고 있는 습관이다.

### 문제는 물기,
### 겸사겸사 닦기

욕실의 고민거리는 뭐니 뭐니 해도 물때와 곰팡이다. 더 들어 올라가면 이들의 원인은 아무래도 물기인 듯하다. 습기를 쉽게 없앨 방법이 없을까 고민하다가 히키타 가오리와 다센 부부의 책에서 '이거다' 싶은 방법을 찾았다. 목욕한 뒤 타월로 몸의 물기를 닦으면서 겸사겸사 욕실에 맺힌 물기를 닦는 것이다. 그런데 닦는 데 드는 힘도 만만치 않을 것 같아서 나는 스퀴지로 물기를 없애고 있다. 이렇게만 해도 물기가 훨씬 빨리 말라 물때가 덜 생긴다.

### 바닥에 두지 않고
### 띄우기

욕실에는 되도록 물건을 두지 않는다. 목욕 대야와 의자도 없다. 물건이 없으면 청소할 때마다 들어 올리고 닦아야 하는 수고로움을 덜 수 있어 청소가 한결 수월하고, 물이 고일 만한 곳이 없어서 곰팡이가 잘 피지 않으니 위생적이다.

무언가를 꼭 욕실에 두어야 한다면 바닥에 닿지 않게 타월 행거에 매달아 둔다. 샴푸와 컨디셔너도 행거에 올려둔다. 다른 것들은 목욕할 때 가지고 들어갔다가 목욕을 마치면 가지고 나온다.

## 공기에
## 길 터주기

공기의 흐름이 정체되면 습기가 뭉쳐 곰팡이가 피기 쉽다. 그래서 환기팬은 24시간 내내 켜두려 하는 편이다. 이때 공기가 흐르는 길을 터주는 게 생각보다 중요하다. 환기팬은 공기를 바깥으로 밀어내는 역할을 하기 때문에 바깥 공기가 들어올 길을 터주지 않으면 환기가 잘되지 않는다. 그러니 욕실에 창문이 있다면 열어두고 거실 벽에 난 환기구도 열어두자. 환기팬을 틀 때는 공기가 어디에서 들어오는지를 생각해야 한다.

# 음식은 심플하게

학창 시절에는 배부르기만 하면 되는 거 아니냐고 음식을 홀대했는데, 이제는 맛있는 것이라면 사족을 못 쓰니 사람이란 참 재미있는 동물이다.

하지만 맛있는 걸 먹고 싶다면 그에 걸맞은 정성이 필요한 법. 식사는 내가 직접 준비해야 하니 게으름을 피우려야 피울 수가 없다. 어떻게 하면 맛있는 음식을 먹고 싶은 욕구를 채울 수 있으면서도 손쉽게 요리할 방법이 없을까 꽤 오래 고민했다.

## 국 하나,
## 나물 하나면 충분하다

먹는 게 중요하다는 걸 알지만 매일 손수 음식을 해 먹기란 쉬운 일이 아니다. 평일에는 퇴근길에 편의점 음식으로 끼니를 때울 때도 많아서 먹을 것에 소홀해지기 쉽다. 뭔가 좋은 방법이 없을까 고민했던 시기가 있었다.

그러다가 만난 책이 요리연구가 도이 요시하루의 책《심플하게 먹는 즐거움》이었다. 매일 큰 수고를 들이지 않고서 요리할 수 있는 방법으로 '일즙일채' 중심의 식사법을 소개한다. 일즙일채란 밥을 중심으로 즙(된장국)과 채(반찬)를 하나씩 곁들인 식사 방식인데 기본 중의 기본이 되는 식사라고 할 수 있다.

이번엔 무슨 반찬을 해 먹어야 하나 고민할 필요 없이, 그저 밥을 짓고 된장국을 끓이되 된장국에 재료를 듬뿍 넣으면 된다고 도이 요시하루는 말한다. 된장국에 넣을 국거리는 냉장고에 있는 것들이면 충분하다. 채소를 듬뿍 먹을 수 있어 좋고 된장이 몸에 좋은 건 두말하면 잔소리다.

나는 여기에서 한발 더 나아가 내 입맛에 꼭 맞는 된장국이었으면 좋겠다. 된장국의 맛을 좌우하는 건 된장과 육수. 된장은 지역마다 맛이 다르고 종류도 다양해서 고민을 거듭해 여러 가지를 먹어본 결과 지금은 누룩의 단맛이 돋보이는 쌀누룩된장을 고수하고 있다. 육수는 가다랑어포로 내는데 그냥 채소와 한데 넣고 끓여서 먹는다. 시판 분말로 끓인 것보다 향이 풍부해 훨씬 맛있다.

식사는 일즙일채를 기본으로 하되 여기에 얽매이지는 않는다. 이따금 카레도 먹고 닭고기덮밥도 먹는다. '오늘은 이게 먹고 싶네' 하는 마음의 소리에 귀 기울이는 것 또한 중요하다고 생각해서다. 하지만 딱히 먹고 싶은 게 없거나 이렇다 할 메뉴가 떠오르지 않을 때는 마음 편히 건더기를 듬뿍 넣은 된장국을 끓인다.

## 일상과 비일상

예로부터 일본에서는 제례와 연중행사가 있는 날을 '하레(晴れ)'의 날, 평소와 같은 일상을 '케(褻)'의 날로 부르며 비일상과 일상을 구분했다. '하레'와 '케'는 민속학자 야나기다 구니오가 일본인의 전통적인 생활 방식을 설명하기 위해 내린 정의다. 이 생각을 식사에도 적용할 수 있다. 매일 집에서 하는 식사는 '일상'의 식사, 요리 전문가가 만든 외식이나 경사스러운 날에 만들어 먹는 음식은 '비일상'의 식사인 셈이다.

하루 일을 마친 뒤 영양 균형도 잘 잡혀 있고 보기에도 좋은 제대로 된 식사를 차리는 건 쉬운 일이 아니다. 무얼 먹을지 고민하는 수고는 줄이고 품을 적게 들이면서 영양은 챙기고 싶다면 메뉴를 어느 정도 미리 정해두면 된다. 그래서 평일 저녁은 '일상'의 식사, 즉 건더기가 듬뿍 들어간 된장국과 밥을 기본으로 한 일즙일채로 한다. 매일 된장국만 먹으면 재미없으니 주말에는 외식하거나 손이 많이 가는 레시피에 도전하며 '비일상'의 식사도 즐긴다.

평일과 휴일 식사를 '일상'과 '비일상'으로 나누어 적당히 변화를 준다. 주방 일은 이 정도가 지금 나에게 딱 좋다.

## 고향 납세 제도

나의 아침은 언제나 과일과 요거트다. 제철 과일은 맛있는 데다 영양가도 높아 되도록 챙겨 먹는다. 봄에는 딸기와 한라봉, 여름에는 망고와 수박과 블루베리, 가을에는 포도와 머스캣과 감, 겨울에는 사과와 귤. 자고 일어나서 과일 먹을 걸 상상하면 다음 날 아침이 기다려지기도 한다.

과일은 저렴한 편이 아니어서 매일 같이 사 먹기는 부담스러운데 고향 납세 제도(원하는 지자체에 기부함으로써 기부금 일부를 세액 공제받고 해당 지자체의 특산물을 받을 수 있는 제도. 국내에는 이를 벤치마킹해 만든 '고향 사랑 기부제'가 2023년 1월부터 시행되고 있다.)를 활용하면 저렴하게 구입할 수 있다. 지자체를 응원한다는 취지도 좋고 부담하는 금액도 상대적으로 적어 경제적으로 쏠쏠한 제도이니 꼭 활용해보기 바란다.

Chapter 4

# 자유롭고 단순하게 일하기

사실 최선을 다해야 하는 때는 그렇게 많지 않다.
꼭 해야 하는 일에 온전히 마음을 쏟고 그 이외의 시간에는 충분히 쉰다.

# 일상과 업무를 이어주는 것

하루하루를 조금 더 기분 좋게 지내고 싶다. 인생을 더욱 즐기고 싶다. 그러기 위해서 어떻게 물건을 버리고 집안일을 줄이면 좋을지, 지금까지는 일상생활에 관한 생각과 내가 실천하고 있는 방법을 이야기했다.

하지만 먹고 살자면 돈이 필요하니 일을 빼놓고 라이프스타일을 논할 수는 없다. 일과 일상은 수레바퀴와 같아서 바퀴 두 개의 균형이 잘 맞아야 만족스러운 나날에 가까워질 수 있다.

그래서 일을 잘한다는 건 무엇인지 단순한 삶이라는 관점에서 일을 대하는 마음을 생각해보았다. 집에 있을 때든 일을 할 때든 나의 마음은 같다. 내가 좋아하는 거라면 시간도 돈도 아깝지 않지만, 불필요한 건 말끔히 치우고 과한 욕심을 내려놓으려는 건 일상에서뿐 아니라 업무를 할 때도 마찬가지다.

**나에게 소중하지 않은 것을 얼마나 내려놓을 수 있는가.** 그리고 **좋아하는 일과 소중한 일에 마음을 쏟을 수 있는 시간을 얼마나 확보할 수 있는가.** 이 점을 늘 염두에 둔다.

나는 직장인이지만 꽤 자유롭게 일하고 있다. 이렇게 했으면 좋겠다 싶은 생각을 마음껏 제안하고, 상사와는 최소한으로만 접촉하고, 쉬고 싶을 때 쉬고, 어지간하면 야근도 하지 않는다. 혹시나 해서 말하자면 사내 평가는 그리 나쁘지 않으니 적어도 회사에 짐이 되고 있지는 않을 거다(내가 짐이 되는 상황만큼은 피하고 싶다).

이렇게 조직에 속해 있으면서도 어느 정도 재량껏 일하려면 '재는 가만히 둬도 업무 성과를 내는 사람'이라는 포지션을 확보해야 한다.

자유롭고 느긋하게 일하는 내 주변 사람들을 보면 대개 조금은 유별나다. 유별나다는 표현을 고른 이유는 자기가 즐기며 할 수 있는 일과 좋아하는 일이 무엇인지 알고 겉으로 드러내니 평범함과는 조금 거리가 있고 흔치 않은 개성으로 주위의 사랑을 받기 때문이다.

지인 중에는 아이돌을 좋아하는 여성도 있고 디자인 세계에 푹 빠진 '덕후'도 있는가 하면 프로레슬링을 좋아하는 분도 있다. 이런 관심사를 업무로 끌고 들어와 좋은 의미에서 놀듯이 일한다. 이런 사람들을 볼 때마다 취미도 진심으로 하면 일이 되는구나 하는 생각이 든다.

회사에서도 기왕이면 내가 즐거운 일을 추구하고 조금은 내 마음을 살피며 일할 수 있으면 좋지 않을까? 그러면 즐거울 수밖에 없고 즐기며 일하는 사람 주변에는 신기하게도 힘을 보태려는 사람이 모이기 마련이니 말이다.

# 출세보다 중요한 것

나에게도 빨리 출세하고 싶고 연봉은 많으면 많을수록 좋겠다고 생각하며 앞만 보고 일했던 시절이 있었다. 야근은 당연했고 주말에도 회사 일이 머릿속을 떠나지 않았다. 그 결과 회사에서 좋게 평가받아 연봉은 올랐지만 한편으로 이런 의문이 들기 시작했다. 회사 일을 중심으로 돌아가는 인생이 과연 내가 바랐던 삶일까?

그러던 차에 직장을 옮기게 되면서 업무 방식을 바꿔보았다. 지금까지 일했던 엔지니어링에서 디자인으로 업무 분야를 바꾸면서 출세 가도를 벗어나기도 했고 승진하려면 꼭 받아야 하는 일들도 쳐내니 더는 위로 올라가기 힘들어졌다.

그 대신 아내나 친구들과 함께하는 시간이 늘었고, 회사에서는 하고 싶은 일을 하며, 회사 밖에서 새로 시작한 일들도 재미있다. SNS로 새로운 인연들도 잔뜩 만났다. 그래서 나는 지금이 가장 행복하다.

돈은 필요 이상으로 버는 것보다 '딱 좋은' 정도면 되니 출세하기 위해 안간힘을 쓰는 대신 자유로운 시간과 하고 싶은 일에 들일 수 있는 시간이 있었으면 좋겠다. 언제 죽을지 한 치 앞도 알 수 없는 게 인생인데 하고 싶은 일이 있다면 미루지 말고 지금 바로 해보는 게 더 행복하지 않을까?

게다가 이제는 인생 100세 시대. 더는 한 회사에서 평생 일하는 시대가 아닌 만큼 혼자서도 돈을 벌 수 있는 능력을 길러두는 게 좋다. 어느 회사에 가든 활용할 수 있는 비즈니스 기술을 익히고 부업을 키우는 데에도 에너지를 쏟고 싶다.

소위 말하는 출세 코스에서 벗어났다고 해서 무능하다고 손가락질받는 것도 아니고 낙오자가 되는 것도 아니다. 늘 그랬듯 시간은 담담히 흐를 뿐이다. 승진과 업무 평가에 매달릴 이유가 없으니 오히려 마음이 편하다. 큰길에서 벗어나도 딱히 불편하지 않다는 발견. 새로운 환경에는 그 환경에서만 만날 수 있는 새로운 기회가 기다리고 있다.

# 잘하는 일과 좋아하는 일의 밸런스

지금 하는 일에서 기쁨을 느끼는가?

정말로 하고 싶은 일을 하고 있는가?

이 질문에 망설임 없이 고개를 끄덕일 수 있는 사람은 그리 많지 않을 것이다. 나도 예전에는 그랬다. 회사 일은 재미가 없고, 따로 해보고 싶은 일이야 있지만 지금 상황에 큰 불만이 있는 것도 아니어서 회사를 그만둘 용기는 나지 않았다.

언젠가 청취자의 고민 사연을 듣고 진행자가 상담해주는

라디오 방송을 들은 적이 있다. “저에게 더 잘 맞는 일이 있을 것 같아요.”라는 청취자의 고민에 진행자는 이렇게 말했다. “자기에게 맞는 일에는 두 종류가 있어요. 잘하는 일과 하고 싶은 일인데요, 이 두 일의 균형이 잘 맞아야 해요.” 귀를 쫑긋 세우고 들으며 고개를 끄덕였더랬다.

잘하는 일이란 나의 능력과 재능에 맞아떨어져서 나의 장점을 살릴 수 있는 일이다. 이를테면 배려심이 뛰어난 사람이 고객을 대하는 일을 하면 잘하는 일이 될 가능성이 크다. 한편 좋아하는 일은 얼마를 벌든 상관없이 시간 가는 줄 모르고 몰두할 수 있는 일을 말한다. 좋아하는 일로 먹고살 수 있으면 더할 나위 없이 좋겠지만 현실적으로 쉽지 않다. 한편, 잘하는 일만 하면 돈벌이는 될지언정 일에서 기쁨을 찾기는 힘들다. 아무래도 잘하는 일과 좋아하는 일은 골고루 필요한 것 같다.

생각해보면 **모든 일에는 잘하는 일과 좋아하는 일의 요소가 섞여 있다.** 적어도 처음에는 원해서 선택한 일이니 지금 하는 일에서도 즐거움을 느끼는 순간은 있을 것이다. 일이 재미없어서 고민이라면 좋아하는 일을 늘려나갈 방법을 생각해보면 어떨까?

# 새로운 일 만들기

지금 있는 직장에서 좋아하는 일을 할 방법은 있다. 하고 싶은 일을 만들어버리면 된다.

일러스트를 잘 그린다면 보고 자료 어딘가에 내용을 뒷받침하는 일러스트와 그림을 넣어보는 거다. 자료를 본 동료에게 일러스트가 필요한데 꼭 그려주었으면 좋겠다는 부탁을 받게 될지도 모른다. '일러스트는 역시 ○○ 씨'라고 입소문이 날지도 모른다. 그러면 굳이 일러스트레이터로 이직하지 않고서도 지금 있는 곳에서 그림을 그리며 일할 수 있다.

내 경험을 예로 들자면, 내 업무가 아닌데도 마음 가는 대로 신상품 기획안을 짜서 회사에 올렸던 적이 있다. 누가 하라고 시켜서 한 일은 아니었지만 반응이 꽤 괜찮아서 상품화에 들어갔다. 평소 신상품을 기획하고 디자인하고 싶다는 바람이 있었으니 그야말로 하고 싶은 일이 업무가 된 경우였다. 회사 차원에서 시도해볼 가치가 있다면 회사에도 보탬이 될 테니 직장 사람들도 반겨주기 마련이다. 이렇게 상사를 설득할 수 있다면 회사에서 나의 일로 삼을 수 있다.

일을 즐기는 사람은 못 당한다. 주어진 업무를 하는 것보다는 하고 싶은 일을 어필하며 일로 삼는 게 더 재미있는 법이다.

하고 싶은 일을 회사에서 할 수 없다면 **먼저 취미로 시작해도 좋다.** 나도 직접 디자인하고 설계한 가구를 판매하기 위해 한창 준비 중이다. 물론 지금으로서는 가구 판매를 주된 일로 삼을 생각은 없다. 팔리는 물건이라면 회사에서 원없이 만들고 있으니 가구만큼은 나에게 필요한 것을 만들어보겠다는 정도의 마음이다. 물론 내 생각에 공감해주는 사람이 있고 팔리기까지 하면 날아갈 듯 기쁘겠지만 매출에 연연하지 않을 수 있다는 점이 겸업의 장점이기도 하다(이 책을 쓸 당시 가구 판매를 준비하고 있던 저자는 현재 책에서 언급한 대로 직접 디자인한 가구를 온라인에서 판매하고 있다. 저자의 인스타그램에서 관련 내용을 확인할 수 있다.).

대학원을 수료할 때 받은 롤링 페이퍼에 담당 교수님은 '새로운 일을 만들어내며 일할 수 있기를'이라고 적어주셨다. 당시에는 잘 와 닿지 않았는데 이런 걸 말했던 건가 싶어 지금은 고개가 끄덕여진다.

## 정리 기준은 매한가지 일이나 물건이나

아무리 해도 일이 끝날 기미가 보이지 않을 때는 야근해서 일하는 시간을 늘리는 선택을 하기 쉽다. 그런데 이건 마치 물건이 많다는 핑계로 수납 가구를 사는 행동과 비슷하지 않나 싶다.

앞에서 이야기했듯, 정리하지 않으면 아무리 정돈하고 수납한들 집은 말끔해지지 않는다. 나에게 필요한 물건과 그렇지 않은 물건을 구별해 정리하는 것이 정리 정돈의 기본이다.

일도 마찬가지다. 처음부터 다 할 필요는 없다. 나는 다 하지 않아도 괜찮으니 중요한 일 먼저 살뜰히 챙기겠다는 마음으로 업무에 임한다. 이것도 해야 하고 저것도 잘해야 한다고 욕심내다가는 모두 이도 저도 아니게 되니 기왕 하는 거면 철저하게.

그러려면 '하지 않기'도 중요하다. 애플 창업자 스티브 잡스도 이렇게 말하지 않았던가. "하지 않을 일 목록을 만들어라!", "진심으로 하고 싶은 일이 아니면 나중으로 미뤄도 괜찮다!"

돌이켜보면 나도 직장에서 매일 다양한 일을 한다. 업무 내용도 가지각색인데 상사에게 잡다한 일을 부탁받기도 하고 프로젝트 리더의 요청은 물론이고 같은 팀원과 동료에게도 제작 의뢰가 들어온다.

업무 중에는 이유도 모른 채 그저 되풀이하는 일도 있고 해도 그만 안 해도 그만인 무의미한 일도 있다. 별것 아닌 주제를 가지고 관성적으로 하는 미팅도 있다. 이런 일들은 불필요한 업무로 보고 되도록 하지 않는다.

후지타 도시야는 네덜란드 프로 축구팀 VVV 펜로에서 코치를 맡던 시절 이렇게 말했다. "네덜란드에서는 무언가를 지시하기 전에 해야 하는 이유를 스스로 정리해야 해요. '코치님, 이건 왜 연습하는 거죠?' 하고 다들 거침없이 묻거든요. 이

해가 안 되면 받아들이지도 않고요." 스포츠 훈련이든 일이든 시작하기 전에 **왜 하는지 짚어보는 자세는 본받을 만하다.**

또한 내가 잘하지 못하는 건 굳이 애써서 하지 않는다. 유튜브에는 구독자와의 소통 수단으로 라이브 방송 기능이 있는데 나는 지금으로선 라이브 방송을 할 생각이 없다. 순발력이 필요한 여러 사람과의 대화에 서툴다는 걸 스스로 잘 알기 때문이다. 라이브 방송에 시간을 쓸 바에는 새로운 영상을 만드는 데에 시간을 들이는 게 구독자 입장에서도 기쁘지 않을까.

하지만 나는 월급쟁이이기도 하다. 굳이 해야 할 필요를 느끼지 못하는 일이나 잘하지 못하는 일이라도 회사에서 시키면 해야 한다. 이럴 때는 업무의 질보다는 필요한 목적을 달성하는 데에 무게를 두고 되도록 시간을 할애하지 않으려 하는 편이다. 상사와 부딪치면 오히려 시간과 에너지를 빼앗기기 때문이다.

그렉 맥커운은 저서《에센셜리즘》에서 꼭 해야 하는 일에 집중하는 것이 최소한의 시간으로 최대한의 성과를 이루어 내는 가장 좋은 방법이라고 말했다. 일에서든 일상에서든 한정된 시간과 에너지를 중요한 일에 들이고 그렇지 않은 것을 배제해 나가는 건 단순하게 살기 위해 필요한 행동 원칙이다.

# 야근은 하지 않는다

나는 야근을 하지 않고 정시가 되면 바로 퇴근하는 편이다. **시간제한을 두어야 업무 생산성이 높아지기 때문이다.**

야근을 밥 먹듯이 하며 일했던 시절도 있었다. 그런데 하루가 멀다 하고 야근했더니 오히려 생산성이 떨어졌음을 어느 날 문득 깨달았다. 어차피 야근할 거라 시간은 넉넉하다고 생각했고, 그러다 보니 퇴근 시간이 되면 재깍 퇴근하는 사람에 비해 비효율적인 방식으로 일을 하고 있었던 거다.

무슨 일이 있어도 오후 5시에 사무실을 나서야 하는 상황에서 퇴근 전까지 일을 모두 끝내려면 어떻게 해야 할까? 어떤 일을 먼저 하고 어떤 순서로 업무를 처리해야 효율적일지 곰곰이 생각해보고 시행착오도 겪어야 한다. 업무를 취사선택하는 방법도 있다. 이런 생각과 실천이 생산성을 높인다. 아무래도 사람은 제약이 있어야 창의력에 불이 들어오는 모양이다.

야근하지 않는 이유는 또 있다. 겸업에 시간을 쓰고 싶어서다. 한 회사에 나의 인생과 돈을 거는 건 위험하다. 또한 겸업이 있으면 한층 활기차게 일할 수 있고 내 마음에 귀 기울이며 지낼 수 있다. 늦게까지 회사에 남아서 인생의 귀중한 시간을 염가로 파는 건 아깝지 않은가. 야근할 시간과 에너지를 겸업에 쏟으면 내 시간의 가치는 점점 오를 텐데 말이다.

참고로 더는 야근을 하지 않게 되면 주변에서 벌써 퇴근하느냐고 핀잔을 주기도 한다. 그럴 때는 이제 야근은 안 한다고 웃는 얼굴로 담백하게 받아치면 그만이다. 알아서 잘하고 있으니 참견하지 말라는 식의 논쟁은 피하자. 시간이 아까우니까.

어느 정도 지나면 정시 퇴근하는 모습이 당연해져 참견하는 이도 사라진다. 내 시간을 챙겨가며 매일매일의 만족감을 조금씩 키워나가고 싶다.

# 회사를 다니면서 다른 일을 시작하다

## 겸업의 좋은 점

나는 회사에 다니는 한편 유튜브를 바탕으로 다른 일도 하고 있다. 유튜브 채널 구독자 수는 서서히 늘어 이제는 수익도 들어온다. 수입원이 여러 개면 일할 때도 활력이 있고 조금 더 내 마음에 귀 기울이며 살 수 있는 것 같다.

먼저, 언제 회사에서 잘려도 크게 흔들리지 않을 수 있는 마음의 여유가 생긴다. 직업이 여러 개이면 굳이 하나에 매달릴 필요가 없다. 직장을 잃더라도 다른 수입원이 있으니 당장 궁핍해질 걱정이 덜하다.

투자를 할 때는 투자처를 여러 군데로 쪼개 자산 전체의 리스크를 낮추는 분산 투자를 해야 안전하다. 금융상품 하나에 자금을 모두 쏟아부었는데 상품 가치가 크게 하락하면 손실이 크기 때문이다. 평생 한 회사에 충성하는 시대가 막을 내린 지금, 인생과 돈을 회사 하나에 거는 건 이런 의미에서 위험하다. 겸업이 곧 리스크 분산인 셈이다. 돈을 벌기 위해 일한다는 생각에서 한발 나아가 관심 가는 일과 재미있는 일을 찾을 수도 있다.

내 유튜브 채널에는 자사 상품을 광고해달라는 기업들의 의뢰가 하루가 멀다 하고 들어온다. 하지만 진심으로 마음이 가는 것이 아니면 대부분 거절한다. 어디까지나 겸업으로 하는 일이니 내가 하고 싶은 것과 구독자가 얻을 수 있는 것이 무엇인지를 최우선으로 생각하고 싶어서다. 내키지 않는 요청을 돈 때문에 받을 필요는 없다.

## 누구든 겸업할 수 있는 시대

회사의 테두리 밖에서 새로운 일을 시작하라고, 직업을

여러 개 가져보라고 해도 특출한 재능이 없는 평범한 사람에게는 어려운 일처럼 느껴질지도 모른다. 나도 예전에는 깨어 있는 생각을 가진 일부 사람들이나 하는 게 겸업이라고 먼 세상 이야기처럼 느꼈으니 말이다.

하지만 특별한 재능이 있는 것도 아니고 그저 평범한 회사원인 나도 겸업을 하고 있다. SNS가 발달한 요즘은 겸업에 대한 장벽이 높지 않아 누구나 가볍게 시작해볼 수 있다.

재능보다도 실천이 빛을 발하는 시대다. 결국은 실천할 수 있느냐에 달렸다. 그렇다면 내 경우는 어땠는지 조금 자세히 이야기해보려 한다.

### 많이 해보고, 잘 된 것을 남긴다

나는 새해가 되면 앞으로 1년 동안 하고 싶은 일과 새로 도전해보고 싶은 것들을 적는다. 조금이라도 관심이 가거나 순수하게 해보고 싶은 것이면 무엇이든 좋다. 내가 2019년에 적었던 '하고 싶은 일'은 이렇다.

- 힙합 댄스 배우기
- 설경 보러 가기

- 등산하기
- 캠핑하기
- 유튜브에 영상 올리기
- 틱톡에 영상 올리기
- 화병에 큰 나뭇가지 꽂아두기
- 일주일에 두 번 피트니스센터 가기
- 명상하기
- 집에 사진 걸어두기
- 책 48권 읽기

힙합 댄스와 명상이 공존하다니 내가 적었지만 흥미로운 목록이다. 힙합 댄스를 맨 위에 적은 걸 보니 어지간히 해보고 싶었던 모양이다. 실제로 2019년에 수업을 들으면서 힙합 댄스의 매력에 푹 빠졌고 코로나의 여파로 연습실이 폐쇄되기 전까지 꾸준히 다녔다.

예전에는 무언가를 해보고 싶다는 생각이 들면 시작하기 전에 많이 알아두고 빈틈없이 준비해야 할 것 같았다. 그래서 시작도 못 해보고 마음만 바쁜 채로 시간만 하염없이 흐르기 일쑤였다. 어떻게 하면 가볍게 실천할 수 있을지가 고민이었다.

하고 싶은 일 목록은 관심이 생기면 일단 해보자는 생각으로 적기 시작했으니 무언가를 가볍게 시작해보기 위해 생각해낸 나름의 아이디어기도 했다. 물론 목록에 적은 것 대부분은 오래가지 못한다. 틱톡도 처음에는 재미있었지만 그리 길게 가지는 않았다. 그래도 그거면 되었다. 막상 해보니 얼마 못 갔다는 건 나와 그만큼 잘 맞지 않는다는 뜻일 테니 말이다.

하지만 의외로 오래도록 이어져서 일이 되기도 한다. 내 경우에는 유튜브가 그렇다. 씨앗은 일단 화분에 심어보아야 싹이 나는지 알 수 있다. 야구선수 이치로도 타율이 3할밖에 되지 않는다고 하니 일단 중요한 건 타석에 서는 게 아닐까.

성공한 사람을 성공으로 이끈 계기 중 80%는 우연한 사건이었다는 스탠퍼드대학교의 연구 결과가 있다. **'좋은 우연'을 끌어들이려면 여러 분야에 관심을 두고 직접 해보려는 자세가 중요하다.**

인터넷에서 '부업'을 검색하면 수많은 정보가 쏟아진다. 부업을 시작하는 노하우를 다룬 책도 많다. 실행에 옮기느냐 옮기지 않느냐는 각자의 선택이다.

## 취향에 깊이감 더하기

나는 집 안 인테리어와 집에서의 생활을 머릿속에 그려보는 게 좋다. 마음에 드는 가구와 잡화를 일상에 들이며 생활 습관도 돌아보고 홀가분하게 지내려면 어떻게 해야 할지 생각하다 보면 당연히 시행착오도 겪는다.

그리고 이 과정에서 얻은 깨달음을 SNS에 공유한다. 이 의자는 이런 점이 좋다던가, 새로운 식물을 꽃병에 꽂아보았다던가. 나의 취향이 가득 담긴 콘텐츠는 사실 자기만족에 가깝다.

그런데 세상은 넓어서 나와 같은 생각을 하고 공감해주는 사람이 반드시 있기 마련이다. 이것저것 따지지 않고 좋아하는 마음은 순수하고 뜨거워 사람을 끌어당기는 게 아닐까.

누구에게나 좋아하는 것 하나쯤은 있다. '취향'이라는 정보야말로 기꺼이 세상에 알려야 한다. 요즘 같은 시대일수록 정보를 공유하는 데에 SNS를 활용해야 한다.

내가 좋아하는 주제라면 내가 지닌 지식과 감성에 깊이를 조금 더하는 건 그리 어렵지 않다. 마이너한 분야라도 좋으니 '이 분야에서만큼은 누구 못지않다' 싶은 분야를 만들자. 나의 강점이 될 수도 있다. '좀비 영화에 대해서라면 누구에게도 뒤지지 않지', '필름 카메라 지식은 남들 못지않아'

등등 어떤 분야든 좋다. '사카나군'은 물고기에 대한 뜨거운 마음 하나로 일약 스타가 되었으니 말이다('사카나'는 물고기라는 뜻으로, 어릴 적부터 물고기를 좋아해서 매스컴에 알려지며 화제가 되었다. 물고기에 대한 해박한 지식으로 TV 방송과 유튜브에서 활발히 활동하고 있다.).

**나의 취향을 깊이 파고들어 세상에 알리자. 순수하게 좋아하는 마음은 공감을 부르고 사람을 끌어들인다.** 취향을 일로 삼는다는 것의 본질은 바로 이것이라고 생각한다.

## 물 들어올 때 노 젓기

그저 내가 좋아하는 일상을 재미 삼아 영상으로 제작해 유튜브에 올리기 시작한 지 얼마나 지나서였을까? 몇십 회에 그치던 평소 영상들보다 조회수가 몇 배는 높은 영상이 하나 생겼다. 내 유튜브 채널에서 성장의 조짐 비슷한 걸 느낀 나는 '지금이야!'라는 생각으로 온 에너지를 유튜브에 쏟아보기로 했다. 영상 제작 자체는 그리 힘든 일이 아니었고 영상 시장이 하루가 다르게 성장하는 상황이라 이 분야는 제대로 뛰어들어 볼 가치가 있겠다 싶었다.

타깃으로 삼을 시청자층을 정하고 조회수가 늘고 있는 영상을 분석했다. 어떻게 하면 더 많은 사람이 볼지 주제 설정, 구성, 카메라 앵글, 사운드 측면에서 가설을 세워 검증하는 과정을 되풀이했던 나날들이 떠오른다.

회사에서 일하는 평일 낮 시간대를 제외하고 평일 이른 아침과 주말 대부분을 유튜브에 쏟았다. 이때다 싶어서 먹고 자는 것도 잊고 전력으로 노를 젓다시피 했다. 딱히 재능이 있는 것도 아니었지만 1년 동안 이를 악물고 씨름했더니 나름의 성과가 보이고 수익도 나기 시작했다.

유튜브 채널을 어떻게 해야 키울 수 있느냐고 묻는 분들이 가끔 있다. 그런데 이런 질문을 할 때는 아무것도 하고 있지 않은 경우가 대부분이다. 아무것도 하지 않으니 아무 일도 일어나지 않는 건 당연하다.

어떻게 하면 채널을 키울 수 있을지, 사람들의 공감을 얻을 수 있을지, 수익을 낼 수 있을지 곰곰이 생각해보고 죽이 되든 밥이 되든 1년만 해보면 어떤 식으로든 결과가 보이기 시작할 것이다.

노력으로 인생을 바꿔나갈 수 있는 나라에 태어났다는 것만으로도 우리는 축복받았다. 이렇게 좋은 환경에서 정성을 들이지 않는다면 조금 아쉽지 않을까? '이때다' 싶은 타이밍이 찾아왔을 때 온 힘을 다해 푹 빠져보면 1년 뒤에는 눈앞에 새로운 세상이 펼쳐져 있을지도 모른다.

# 서두르지 않는다

"서두르지 말고, 서두르지 말고, 잠깐 쉬자, 쉬어" 어릴 적 봤던 만화영화《잇큐상》에서 주인공 잇큐가 입버릇처럼 하는 명대사다. 얼마 전 문득 떠올랐는데 바쁘게 흘러가는 날들 속에서 잘 쉬는 게 얼마나 중요한지 일깨워주는 말인 것 같다.

인생에는 열심히 해야 할 때가 있다. 대학수학능력시험 공부를 할 때는 먹고 자는 시간을 뺀 거의 모든 시간을 공부에 쏟았다. 사회에 발을 내디딘 뒤에는 중요한 프레젠테이션을 앞두고 온 힘을 쏟아 단번에 완성도를 끌어올렸다.

어릴 때 죽기 살기로 공부했으니까, 그때 그 프레젠테이션에 온 힘을 쏟았으니까 지금의 내가 있는 거라고, 열심히 하길 잘했다고 지금도 생각한다.

인생에는 저마다 최선을 다해야 하는 시기가 있다. 멀리서 조망해보면 수능을 치르는 고3 때나 개인 사업을 시작할 때 정도일까? 그렇게 많지 않다.

조금 폭을 좁혀 1년 단위로 보면 올해 들어 지금이 최대의 고비라는 생각이 들 만큼 정신없이 일에 쫓길 때가 그렇다. 대형 의뢰 건 납품 직전이라든지, 직장인이라면 프로젝트 마감을 코앞에 두었을 때나 성과 보고를 할 때 말이다.

나는 머리가 맑은 오전에는 가급적 회의 일정을 잡지 않고 그날 가장 중요한 업무 처리에 집중한다. 하루 중에서는 오전 동안의 몇 시간이 내가 최선을 다해야 할 때인 셈이다.

그리고 동시에 이런 생각도 든다. 열심히 일한 뒤 남은 시간은 그만큼 최선을 다하지 않아도 괜찮지 않을까? 사실 최선을 다해야 하는 때는 그렇게 많지 않다. 꼭 해야 하는 일에 온전히 마음을 쏟고 그 이외의 시간에는 충분히 쉰다. 업무의 완성도도 높이고 개인 생활도 즐기면서 나 자신을 지키는 요령 아닐까 싶다.

최선을 다해야 하는 때인지 돌아보자. 꼭 그렇지 않다면 과감히 내려놓고 머리를 식히고 몸의 긴장도 풀어보자.

원하는 바를 위해 최선을 다해야 할 때도 있지만 그 외의 시간에는 마음 편히 쉴 줄도 알아야 한다. 쉼 없이 내달리는 삶을 나쁘다고 할 순 없지만 잇큐상의 대사는 **멈춰서는 건 나쁜 게 아니라 오히려 삶의 중요한 요소임을 일깨워 준다.**

# 우뇌와 좌뇌 넘나들기

나의 경력은 디자인과 엔지니어링 두 영역에 걸쳐 있다. 그 덕분인지 나는 논리적으로 생각할 때와 감성으로 느낄 때를 자연스럽게 나누어서 하는 것 같다.

논리란 이치를 따져 생각하는 것이고 감성은 마음으로 느끼는 감정이나 감수성이다. 길가에 핀 꽃을 보고 '꽃잎이 한 장씩 나뉘어 있으니 이판화류네' 하고 생각하는 건 논리적인 생각이고, '아, 예쁘다' 하고 마음으로 느끼는 건 감성적인 반응이다.

즉 좌뇌로 판단하고 우뇌로 느끼는 거다. 좌뇌는 편의성, 우뇌는 낭만을 중요시한다고 할 수 있다.

- 논리 – 감성
- 기능 – 정서
- 편리 – 낭만
- 좌뇌 – 우뇌

유명 디자인 어워드에서 그랑프리를 수상한 지인이 두 명 있는데 이야기를 나누다 보면 디자인에 대한 두 사람의 접근 방식이 전혀 달랐다. 한 명은 과거 수상작에서 공통점을 추리고 아이디어의 패턴을 찾아내 논리적으로 분석하는 유형이었다. 다른 한 명은 마음이 가는 것을 직감적으로 파고들어 감성으로 생각하는 유형이었다. 두 사람의 아이디어 모두 무척 훌륭하고 참신한데 생각하는 방식은 전혀 다르니 참 흥미롭다.

만약 이러한 사고방식을 필요할 때마다 자유자재로 바꿀 수 있다면 생각의 폭이 넓어지고 눈앞에 놓인 문제에 한결 유연하게 대처할 수 있지 않을까?

사람에게는 저마다 생각의 습관이 있다고 한다. 무심결에 논리나 감성 중 한쪽으로 사고방식이 치우치는 건 바로 이 습관 때문이라고 한다. 천재 수학자라 불린 오카 기요시는 생각이 논리로 치우치는 것을 경계하며 감성의 중요성을 이야기하기도 했다.

돌아보면 얼마 전까지만 해도 대학교에서 배우는 학문은 세분화되어 있고 회사 조직은 분업을 바탕으로 담당 업무가 전문화되어 있었다. 그런데 우리가 매일 맞닥뜨리는 문제 속에는 온갖 요인이 복잡하게 얽혀 있다. '왜 안 팔릴까?' 하는 물음에는 디자인은 물론 엔지니어링과 마케팅 문제가 서로 얽혀서 영향을 미친다. 그래서 문제의 원인을 콕 짚어내기 어려운 경우가 많다.

전문 분야를 여러 개 갖는 건 쉬운 일이 아니지만 생각하는 방식이라면 지금 바로 바꿔볼 수 있다. '논리에만 치우쳐 생각하는 건 아닐까? 조금 더 감성적으로 접근해보자.' 난관에 부딪혔을 때는 이렇게 자기 자신을 객관적으로 바라보고 사고방식을 바꾸면 새로운 아이디어가 떠오를지도 모른다.

지금 눈앞의 문제에는 좌뇌 모드와 우뇌 모드 중 무엇이 더 맞을까? 진자운동 하듯 상황에 맞게 양 끝을 오가면서 일도 생활도 유연하게 즐기고 싶다.

# 고독을 두려워하지 않는다

지금까지의 내용을 돌아보니, 특히 여백에 대해 이야기하는 대목에서는 마냥 여유롭기만 한 사람처럼 보이진 않을까 걱정스럽기도 하다. 하지만 돌이켜보면 고독할 때도 있었다. 특히 대입 수능을 망치고 몇 년은 외롭고 암울한 시기였는데 그때 외로움을 겪었기에 더 단단해질 수 있었다.

1년 재수해 간신히 대학교에 들어간 나는 재미만 있으면 그만이라는 주변 분위기가 편치 않았다. 몰려다니며 노는 것보다 더 중요한 무언가가 있을 것 같았다. 남들보다 출발이 늦은 만큼 나의 성장에 시간을 들이고 싶었고, 유복한 가정에서 자란 이들이 느긋하게 지낼 때 성장해야 한다는 집념 비슷한 마음으로 웹디자인에서부터 인테리어 디자인, 상품 디자인에 이르기까지 관심 있는 것들을 손에 잡히는 대로 찾아보고 직접 해보며 깊이 파고들었다.

속마음을 털어놓을 사람이 마땅히 없어서 대답 없는 질문을 곱씹으며 외로운 시간을 보냈다. 이런 나를 위로해 준 건 독서였다.

누군가를 만나 직접 이야기 나눌 수는 없어도 지금 내가 느끼는 감정과 파장이 꼭 맞는 책을 만나면 '그래, 나는 혼자가 아니구나' 하고 위로가 되었다. 책이 나의 지난날까지도 감싸안아 주는 것 같았다.

속마음을 툭 터놓고 이야기하면서 공감할 수 있는 사람을 만나기란 쉬운 일이 아니지만 책 속에서는 내로라하는 인물들이 다정하게 말을 걸어온다. 내가 책을 좋아하는 이유다.

생각해보면 고독 속에서 스스로를 갈고닦은 나날이 지금의 나를 든든하게 받쳐주고 있는 게 아닐까? 나 자신과 마주하며 분투했던 외로운 날들이 있었기에 딱히 대단할 것 없는 나의 가능성을 믿을 수 있다. 그렇게 힘든 날들도 견뎠는데 못 할 게 뭐 있냐는 자신감과 에너지가 있어 나를 긍정할 수 있다.

우리는 고독을 지나치게 두려워한다. 학교나 직장에서는 외톨이가 되지 않으려 주변 눈치를 살피고 SNS를 들여다보면서 '좋아요' 수와 댓글에 집착한다. 하지만 나의 존재 가치를 남에게서 찾으려 하면 괴롭다. 남을 배려하고 양보해야 한다고들 말하지만 내 마음은 돌보지 않은 채 남을 너무 배려하다 보면 내가 먼저 닳아 없어지고 만다.

내 인생은 내 것이니 나의 마음에 조금 더 솔직해도 괜찮지 않을까? 가끔은 다른 식구 말고 내가 먹고 싶은 음식을 만드는 거다. 그러면 나도 즐겁고 즐거워하는 내 모습을 바라보는 가족도 덩달아 흐뭇하지 않을까. 물 흐르듯 나답게, 별 무리 없이 단순하게 사는 건 이런 거라고 생각한다.

내 마음에 솔직하게 일하며 산다는 건 고독하게 사는 것 그 자체다. 나 자신과 마주하며 깊이 침잠하는 과정이야말로 진정으로 고독하다. 하지만 그 과정에서 발견한 소중한 것들을 우선시하려면 때로는 남과의 관계에 선을 긋는 용기도 필요하기 마련이다.

그렇다고 고독을 막연히 두려워할 필요는 없다. 스스로 혼자가 되어 마음을 단단히 한 경험은 언젠가 자신감이 되어 힘든 일이 있어도 자신을 믿으며 헤쳐 나갈 수 있게 해주는 원동력이 되어줄 것이다.

Chapter 5

# 소소한 인테리어 즐기기

인테리어는 취향껏 즐기는 게 제일이라는 게 내 신조지만 보기 좋은 인테리어에는 사실 나름의 규칙이 있다.

# 인테리어를 나답게 즐기는 방법

나는 집에서 보내는 시간이 정말이지 좋다. 밖에서 돌아와 차분히 보내는 여유로운 시간이 무엇보다 행복하다. 그래서 내가 사는 공간은 어느 곳보다 안락하게 가꾸고 싶어 인테리어에도 정성을 들이고 있다.

물론, 인테리어에 정답은 없다. 편안함을 느끼는 인테리어는 저마다 다르니 자기 방식대로 가꾸면 된다. 인테리어에도 기본적인 법칙과 노하우가 있기는 하지만 무엇보다 중요한 건 나의 취향을 쌓아가는 과정이다. 그래야 즐거울 수 있기 때문이다.

이를테면 나는 외출했다가 마음에 드는 인테리어 요소를 발견하면 집에 들여본다. 하루 묵었던 호텔에서 본 플로어 램프가 마음에 들었다면 비슷한 램프를 찾아 집에 들여보고, 카페에 갔다가 본 인상 깊은 포스터를 집에도 똑같이 걸어본다. 마음에 쏙 드는 인테리어 소품을 발견하면 보물이라도 찾은 듯 마음이 들뜬다.

가구를 어떻게 놓아야 더 조화로워 보일지 고민하기도 한다. 벼룩시장이나 골동품 가게에서 우연히 발견한 일본 전통 가구를 집에 있는 이케아 가구 옆에 놓아본다. 만들어진 시기도 나라도 제각각이건만 절묘하게 어울릴 때가 있다. 저렴한 가구가 무조건 안 좋은 것도 아니어서 무엇과 함께 두느냐에 따라 빛을 발하는 게 인테리어의 매력이다.

가구 배치를 바꿔보는 것도 좋다. 가구는 위치를 옮기면 새로운 쓰임새가 생기기도 한다. 우리 집에는 한동안 책장으로 쓰던 작은 오픈 랙이 있는데 새로 들인 사이드보드에 책장의 역할을 넘겨주었다. 버릴까 생각하던 참에 옷장 속에 넣어보니 꼭 맞는 게 아닌가. 가구가 빛을 발할 자리를 찾은 순간이었다. 지금은 옷장 속에 넣어두고 물건을 수납하는 용도로 쓴다. 이렇게 자기 나름대로 고민하고 직접 해보면 갈수록 정이 붙어 매일매일의 생활이 한층 즐거워진다.

덧붙이자면 '취향'은 내 마음에만 들면 그만이다. 남의 눈치를 볼 필요도 없고 나의 취향이 남의 공감을 얻지 못한들 문제 될 것도 없다. 물론 누군가와 함께 마음을 모아 취향을 가꿀 수 있다면 더할 나위 없겠지만 기준은 무조건 나에게 있다는 걸 잊지 말자.

## 최고를 안다는 것

세상에는 너무나도 근사한 인테리어를 뽐내는 집과 가게가 많다. 그런 인테리어를 볼 때마다 감탄이 절로 나오는데, 공간을 멋지게 가꿀 수 있는 안목을 지닌 이에게 막연히 동경을 품곤 한다.

도예가가 빚은 그릇을 개인적으로 수집해 판매하는 도자기 가게의 주인과 이야기를 나눈 적이 있다. 어떻게 하면 이렇게 근사하게 가게를 꾸밀 수 있는지 물었더니 "좋은 걸 많이 보고 접하려고 하는 편"이라 했다. 절로 고개가 끄덕여졌다.

독일의 문호 괴테는 안목을 기르려면 한 분야의 일류를 알아야 한다고 말했다. 문학이든 음악이든 그림이든 걸작이라 불리는 최고의 작품을 접하고 나면 평가의 기준이 달라지기 때문이다. 학창 시절 처음 접한 이 말은 상시 의식하는 말이 되었다.

인테리어에도 명작이라 일컬어지는 디자인이 있다. 명작은 세대를 뛰어넘어 사랑받기 마련이다. 물론 무엇보다 중요한 건 나만의 취향을 찾는 것이고 명품을 꼭 손에 넣을 필요도 없지만, 명작을 접하고 명작이라 불리는 이유를 느껴보는 건 안목을 기르는 데에 큰 도움이 된다고 생각한다.

하지만 일류를 실제로 접할 기회는 사실 그리 많지 않다. 그래서 나는 잡지나 책은 물론이고 한층 편리하게 전 세계의 작품을 볼 수 있는 애플리케이션 핀터레스트(Pinterest)에서 이미지를 찾아보곤 한다. 정말이지 편한 세상이다. 그저 인테리어 구경을 좋아하는 것뿐이지만 말이다.

**좋은 것 많이 보고 접하기.** 노력으로 센스를 기르는 방법이 있다면 바로 이것 아닐까.

## 미의식의 비명에 귀 기울이기

디자인을 대하는 내 생각에 큰 영향을 준 것 중에는 그래픽 디자이너 하라 켄야가 쓴《디자인의 디자인》이라는 책이 있다. 상품 디자인에 뜻을 품었던 대학생 시절의 나에게 디자이너의 관점으로 세상을 바라보는 방법을 알려준 책이기도 하다. 특히 인상 깊었던 구절을 소개한다.

21세기를 맞이한 지금, 테크놀로지가 발전함에 따라 세상은 커다란 변혁의 소용돌이 속에 있고 제품 생산과 커뮤니케이션에 대한 가치관은 흔들리고 있다. 테크놀로지가 세상을 새로운 구조로 재편하려고 할 때, 지금까지의 생활환경에 축적된 미적 가치는 종종 희생된다. 세상은 기술 및 경제와 손잡고 억지로 앞으로 나아가려고만 하니 생활 속 미의식은 거친 변화를 견디다 못해 비명을 지른다. 상황이 이렇다면 시대가 나아가려 하는 곳에 눈길을 두는 대신 비명에 귀를 기울이고, 변화와 함께 흔적도 없이 사라질지도 모르는 섬세한 가치에 눈을 돌려야 하지 않을까.

하라 켄야, 《디자인의 디자인》

새 제품은 끊임없이 세상에 나오고 있다. 새로운 기능들이 기존의 제품 위에 덧입혀지고 그럴 때마다 기존 제품들은 한물간 물건인 양 취급된다. 이는 우리가 물건을 사는 가치관과 생활 의식과 디자이너가 빚어낸 산물이다. 자본주의 세상에 발붙이고 있는 이상, 디자이너와 기업들은 팔리는 물건을 새롭게 만들어야만 한다.

그런데 새로운 물건을 끊임없이 만들어낼 필요가 정말 있을까? 세상에는 이미 좋은 물건이 차고 넘치지 않나. 새로 나온 물건뿐 아니라 이미 예전부터 있던 것, 나아가 지방 소도시에서 만날 수 있는 양질의 물건에 관심을 갖는 것도 중요하지 않을까?

《디자인의 디자인》의 이 구절은 나에게 생산자의 시점은 물론이고 소비자로서 물건을 어떻게 바라보면 좋을지 일깨워주었다. 편리함만 추구하지는 않았는지, 아름다움의 가치를 소홀히 여기지는 않았는지, 우리 집을 둘러보고 책 내용을 곱씹으며 마음을 가다듬곤 한다.

나는 대학에서 건축 디자인 수업을 들으며 비로소 옛것의 매력을 알았다. 나무, 돌, 금속 같은 자연 소재에는 그 자체의 아름다움이 있고 쓰면 쓸수록 세월의 멋이 더해진다. 한편 비용 절감을 위해 석유 화합물로 만들어진 건축 자재들에는 깊은 멋이 깃들기 힘들다.

세월을 고스란히 간직한 가구는 집 안 분위기를 한껏 끌어올려준다. 우리 집에는 골동품 가게에서 산 목재 스툴이 있다. 나무 표면이 적당히 닳아서 새 가구에서는 느낄 수 없는 정취가 있다. 영국 얼콜(Ercol)의 빈티지 의자도 마찬가지인데 긁힌 곳도 있고 얼룩도 있지만 그마저 멋스럽다. 은으로 도금된 놋쇠 쟁반은 쓰면서 표면에 난 세월의 흔적이 정취를 더해서 테이블의 품위를 한층 높여준다.

**새로운 것에서만 찾을 게 아니라 쓰면 쓸수록 세월의 멋이 느껴지는 물건에서 풍요로움을 찾아내자.** 새 제품뿐 아니라 오래전 만들어진 롱 라이프 디자인 제품도 우리 집 인테리어 선택지에 넣어보면 좋지 않을까.

이런 생각을 하면서 '야후오쿠(일본 포털 사이트 야후재팬에서 운영하는 옥션 서비스)'와 '메루카리(일본인이 가장 많이 이용하는 중고 거래 플랫폼)'에서 세월의 흔적이 고스란히 느껴지는 가구를 물색하는 나날이다.

# 집이 좁을수록 공예품을

할아버지 집은 시골의 오래된 일본 전통가옥이어서 집에 '란마'와 '도코노마'가 있었다. 란마는 중인방 및 상인방과 천장 사이에 낸 일종의 통풍창인데 할아버지 집 란마에는 송죽매와 새가 조각되어 있었다. 도코노마는 다다미방 안쪽에 다다미보다 한 단 높여서 만든 사각형으로 움푹 들어간 공간을 말하는데 늘 꽃꽂이와 단지, 족자걸이로 꾸며져 있었다. 어릴 적부터 맨션에서 살았던 나에게는 전통가옥의 섬세한 조각과 족자걸이 속 수묵화의 농담 터치가 신기해서 할아버지 댁에 놀러 갈 때마다 닳도록 바라보곤 했다. 이렇게 공예품과 그림을 집에 두고 아끼면서 지내면 일상이 근사해질 것 같았는데 우리 집은 좁은 탓인지 도코노마 같은 전시 공간을 마련하는 데에도 한계가 있었고 벽에 그림을 걸어도 어수선해 보일 뿐 영 마음에 들지 않았다. 좀처럼 그 이유를 찾지 못해 고개를 갸웃할 뿐이었다.

그러다 때마침 도쿄국립근대미술관에서 민예를 주제로 한 야나기 무네요시 사후 60년 기념 전시회를 보았는데 '내가 찾던 건 이거일지도 몰라!' 하고 가슴이 두근거렸다. 전시회장에 있던 건 전시품이라기보다는 아름다운 생활용품에 가까웠다. 마치 공예품 매장의 진열장을 보는 듯했다. 집에 두고 싶은 촛대도 있고 우리 집과 제법 잘 어울릴 것 같은 질감의 꽃병도 있었다. 당장 오늘부터라도 우리 집의 일상이 되어 인테리어의 품격을 한층 높여줄 것 같았다. 전시회를 보면서 수공예품이야말로 비좁은 집에서 아름다움을 한껏 느끼며 지내기에 필요한 것이 아닐까 하는 생각이 들었다.

권위를 상징하고 눈으로 하는 감상이 목적인 물건이 예술품이라면, 공예품은 서민의 일상에 쓰이는 생활용품이다. 유리 진열장 안에 넣어두고 감상하는 물건이 아니라 매일 쓰는 친숙한 물건. **생활하며 꾸준히 쓰는 만큼 무의식중에**

**갈고 닦은 미의식이 깃들어 있다.** 넓지 않은 집에도 생활용품은 필요하다. 기왕 쓸 거라면 무명일지언정 장인이 빚은 아름다운 공예품을 쓰고 싶다.

이를테면 차를 우릴 때 쓰는 찻주전자와 찻잔과 쟁반이 대표적이다. 도구로서의 가치뿐 아니라 바라보면서 심리적인 만족감도 느낄 수 있는 수공예품은 그 자체로 한 폭의 그림이 된다. 차를 맛보면서 차 도구도 만끽하는 셈이다.

지역 특유의 색, 형태, 모양을 간직하고 있는 것도 공예품의 특징이다. 일상에서 사용하면서 물건이 태어난 곳에 대해 이리저리 상상해보는 것도 즐거운 일이다.

내가 자란 도야마현에는 약 400년 전부터 명맥을 이어온 주물의 본고장 다카오카가 있다. 내가 공예의 매력에 눈뜬 건 부끄럽게도 사회생활을 시작한 뒤인지라 학창 시절에는 딱히 관심이 없었다. 그땐 잡지 속 도쿄의 풍경과 외국의 모던 디자인에만 푹 빠져 지냈다.

예전에 다카오카의 유명 주물 회사에서는 주석 제품을 어떻게 만들까 궁금해 무작정 찾아간 적이 있다. 나 같은 사람이 종종 있는지 공장 견학 투어 프로그램이 마련되어 있어서 운 좋게 참가했는데 금속을 다루는 장인의 매끄러운 손놀림과 공예품이 태어나는 현장의 공기를 고스란히 느낄 수 있었다.

우리 집에도 언젠가 그렇게 손수 만든 물건을 들이고 싶다는 생각이 들 때마다 인터넷 쇼핑몰을 보며 눈을 반짝이곤 한다. 저렴한 인건비를 들여 해외에서 대량으로 찍어낸 제품이 넘쳐나는 반면, 그 뒤로는 활기를 잃어가는 전국 각지의 수공예 산업이 있다. 대량 생산된 물건이 안 좋다는 건 아니지만 장인과 작가의 손끝에서 태어난 물건에는 분명 그만의 독특한 매력이 있다. 수공예품을 조금씩 나의 일상 속에서 매일 곁에 두고 지낼 수 있다면 얼마나 좋을까? 대량 생산된 도기에 차를 따라 마시며 생각해본다.

# 갖고 싶은 가구보다 바라는 생활을

집과 생활은 동전의 양면과 같아서 따로 떼어놓고 생각할 수 없다. 주택을 리모델링해 가정에 화목을 되찾아 주는 취지의 텔레비전 방송이 한때 인기였는데 그 방송을 보며 이런 생각을 했었다.

너무나 당연한 말이지만, 좋은 집은 그 집에 사는 사람의 생활에 꼭 맞게 지어져 있다. 건축가가 주택을 설계할 때는 집주인의 요구사항은 물론이고 무슨 일을 하고 휴일을 어떻게 보내는지, 취미는 무엇인지 집에 살 사람의 라이프 스타일을 파악하는 일부터 시작한다고 한다.

가구를 고르고 인테리어를 정돈할 때도 마찬가지다. 집에 들일 가구를 고를 때는 아무래도 인테리어를 먼저 생각하기 쉽지만 가장 먼저 고려해야 할 점은 내가 **어떻게 지내고 싶은가**이다. 큰 소파에 푹 파묻혀 느긋하게 책을 읽고 싶다든가, 식사든 일이든 숙제든 가족과 함께 널찍한 테이블에서 얼굴을 마주 보며 하고 싶다든가. 이상적인 가구는 이렇게 내가 바라는 생활에 뒤따르는 것이다.

당연히 어떻게 지내고 싶은지 스스로 알지 못하면 가구를 고르는 데에 애를 먹는다. 디자인이 마음에 들어서 구매했어도 가구의 형태와 크기가 내 생활과 안 맞을 수 있기 때문이다.

그래서 나의 평소 생활을 돌아보고 집에서 어떻게 시간을 보낼지 그려볼 때 도움이 될 만한 항목을 몇 가지 추려보았다.

① 식사와 차

의자에 앉아 테이블을 쓸 것인가, 바닥에 앉아 좌식 테이블을 쓸 것인가.

② 수면

침대에서 잘 것인가, 바닥에 이불을 깔고 잘 것인가.

③ 일과 공부

공부와 작업 모두를 큰 테이블 하나에서 할 것인가, 가족 구성원 각자의 책상을 둘 것인가.

④ 휴식

소파에서 쉬고 싶은가, 라운지체어에서 쉬고 싶은가, 몸에 착 감기는 빈백 소파에서 쉬고 싶은가.

⑤ 독서 및 영화 감상

언제 어디에서 책을 읽고 싶은가. 영화나 드라마는 어디에서 어떻게 감상하고 싶은가.

항목 1과 2는 전통적인 좌식 생활을 기본으로 삼을지, 의자와 침대를 바탕으로 한 입식 생활을 기본으로 삼을지 생활양식에 관한 고민이다. 원래 일본은 바닥에 앉고 눕는 좌식 생활이 기본이다. 좌식 생활을 하면 편한 자세로 쉴 수 있고 테이블과 가구 높이가 낮아서 공간이 넓어 보인다. 또한 방을 거실처럼 쓸 수 있는 유연함도 좌식 생활만의 장점이다. 최소한의 물건만 가지고 살고 싶은 사람에게 잘 맞는다고 할 수 있다. 그런데 좌식 생활을 하다 보면 허리와 다리에 부담이 갈 수밖에 없다. 그래서 요즘은 좌식 생활에 맞게 높이를 살짝 낮춘 의자와 테이블도 판매되고 있다. 취향과 경험을 감안해 자기에게 맞는 스타일을 찾으면 된다.

그다음은 항목 3이다. 요즘은 아이와 부모가 한 테이블에서 함께 숙제도 하고 업무도 보는 가정이 늘고 있다고 한다. 작업 공간을 하나로 모으면 공간을 효율적으로 쓸 수 있고 가족 간 소통도 늘어난다는 장점이 있으니 가정의 상황에 맞게 판단하면 된다.

너무 오래 앉아 있으면 혈액순환이 원활히 되지 않아 성인병의 위험이 커진다는 연구 결과를 보고 스탠딩 데스크를 장만했다는 지인도 보았다. 재택근무가 늘면서 집에서 일하는 시간이 늘어난 만큼 한 번쯤은 집에서의 업무 스타일을 돌아보는 것도 좋을 것 같다.

내가 바라는 모든 조건을 만족할 수는 없으니 우선순위를 매겨야 한다. 특히 우리 집처럼 좁은 집에서는 우선순위를 매기고 신중에 신중을 기하는 게 좋다. 이 점에 대해서는 뒤에서 다시 이야기하겠다.

# 인테리어 법칙
# 달리 센스가 필요 없는

인테리어는 취향껏 즐기는 게 제일이라는 게 내 신조지만 보기 좋은 인테리어에는 사실 나름의 규칙이 있다. 탁월한 센스가 없어도 이렇게만 하면 세련된 분위기를 낼 수 있다는 법칙 같은 것 말이다. 그러니 이렇게도 저렇게도 해봤지만 원하는 느낌이 나지 않아 '역시 나는 안 되나 봐' 하고 한숨 쉰 적이 있다면 인테리어 법칙을 활용해보자. 그래픽 디자인 책이나 패션 책에 나와 있는 규칙들은 인테리어에도 얼마든지 적용해볼 수 있다.

북유럽 스타일이라느니 인더스트리얼 스타일이라느니 하는 인테리어의 취향은 사람마다 제각각이다. 어디까지나 개인의 취향 문제다. 하지만 세련된 인상을 주는 인테리어에는 하나같이 균형감이 잘 잡혀있다. 잠시 이 균형감에 관해 생각해보고자 한다.

### 단순함과 복잡함

세련된 인테리어는 '단순함(Simple)'과 '복잡함(Complex, Complicated)' 사이의 균형이 잘 잡혀 있다. '단순함'과 '복잡함'은 '질서'와 '무질서'라는 말과도 통한다.

심플한 인테리어는 가구 수와 들어간 색상이 많지 않고 형태도 단순해 정보량이 적다. 그래서 청결하고 말끔해 보인다. 이와는 반대로 복잡한 인테리어는 가구와 색상이 다양하고 꾸며주는 요소가 더해져 정보량이 많다. 그래서 활기차고 화려해 보인다.

그런데 어느 한쪽으로 치우치면 왠지 모르게 불편하다. 군더더기랄 게 하나도 없는 집을 상상해보자. 지나치게 심플하면 말끔하기는 해도 무언가 부족해 무표정하고 쓸쓸한

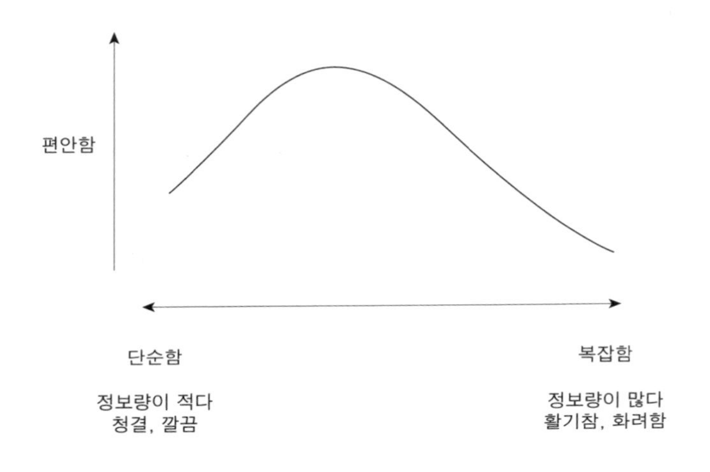


공간으로 느껴지기 쉽다. 그렇다면 복잡한 집은 어떨까? 가구가 많거나 물건은 그리 많지 않지만 색상이 다양하고 장식적인 요소가 많으면 활기차 보이는 한편, 산만하고 번잡하게 느껴질 수 있다.

## 가장 편안한 밸런스, 단순함 7 : 복잡함 3

단순하게 지내고 싶다면 7대 3으로 '단순함'에 무게를 둬 보자. 비율은 조금 달라져도 괜찮다. 일단 단순함에 무게 중심을 두고서 인간미를 조금 더하면 세련된 느낌을 낼 수 있다. 이를테면 심플한 공간에 세월의 흔적이 고스란히 느껴지는 테이블을 들이고 의자 등받이에 울 소재의 무릎담요를 걸쳐두는 식으로 말이다. 사람 사는 냄새가 어렴풋이 풍기면 군더더기 하나 없이 말끔할 때보다 공간의 매력이 한층 살아난다.

제품 디자인을 할 때는 크게 '폼(형태)'과 색상, 소재, 마감 방식 같은 '서페이스(표면)' 측면에서 디자인을 검토한다. 특히 후자를 CMF(색상Color, 소재Material, 마감Finish) 디자인이라고 하는데 집을 가꿀 때도 색상, 소재, 마감을 정돈하면 공간 전체에 균형감이 생긴다.

자연 상태에서는 늘 엔트로피(무질서 상태)가 증가하는 쪽으로 변화가 일어난다는 엔트로피 법칙이라는 게 있다. 아무리 집을 치워도 생활하다 보면 물건이 늘어나 흐트러지기 마련이고 가구는 세월의 때가 묻어 낡아간다. 시간이 흐르면서 자연스레 무질서로 변해가는 것이다. 이런 점을 감안해 일단 '단순함'에 무게 중심을 두면 결국은 딱 좋은 상태가 된다.

## 웜과 쿨,
## 소프트와 하드

'따스함-시원함'과 '부드러움-딱딱함'의 균형감도 한 번쯤 생각해볼 만하다. '단순함-복잡함'이 공간에 담긴 정보의 양에 관한 균형감이라면 '따스함-시원함'과 '부드러움-딱딱함'은 정보의 성질에 관한 균형감이다.

인테리어 스타일을 분석할 때 종종 쓰이는 '이미지 스케일'은 색이나 형태에서 느껴지는 이미지를 특정 언어로 객관화한 것으로, 그중 많이 쓰이는 것이 '따스함-시원함'과 '부드러움-딱딱함'이라는 두 축을 2차원 좌표로 나타낸 것이다.

- 부드러움: 부드럽다, 가볍다, 가늘다
- 딱딱함: 단단하다, 무겁다, 굵다

- 따스함: 자연 소재, 곡선, 매트함, 따스한 색
- 시원함: 금속, 직선, 광택, 차가운 색

'따스함-시원함'과 '부드러움-딱딱함'의 균형을 살펴보면 내추럴한 북유럽 인테리어(따스함, 부드러움), 모던 쿨 인테리어(시원함, 부드러움), 클래식 인테리어(따스함, 딱딱

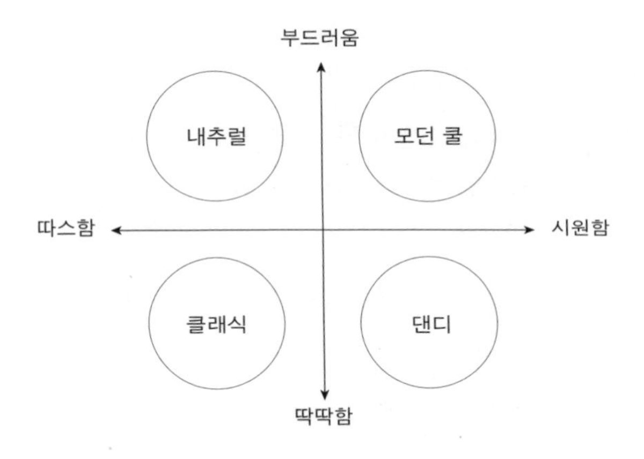


함)가 각각 어떻게 다른지 알 수 있다.

이 이미지 스케일을 응용하면 어느 한쪽으로 치우치지 않은 균형 잡힌 공간을 가꿀 수 있다. 예를 들어 통나무집을 한번 떠올려보자. 바닥과 벽, 천장은 물론이고 테이블과 의자까지 모두 자연의 질감이 살아 있는 원목이면 공간의 균형감이 '따스함'으로 치우치게 된다. 덕분에 따스하고 부드러운 느낌은 들겠지만 공간에 경계가 없어서 단조롭게 느껴질 수 있다. 그런데 여기에 시원하고 딱딱한 인상을 더해주는 검정 철제 난로를 두면 공간에 적당한 긴장감과 균형감이 생긴다.

우리 집은 바닥이 내추럴 컬러라서 전체적으로 나무 특유의 따스한 느낌이 감돈다. 말하자면 따스하고 부드러운 느낌이 강하다. 그래서 시원한 느낌이 들면서 직선이 돋보이는 철제 의자와 윤이 나는 검정 에나멜 전등갓으로 균형을 맞췄다.

참고로 흰색, 검은색, 회색은 따뜻한 공간과 시원한 공간 어디에든 잘 어울리는 뉴트럴 컬러다. 그래서 나는 넓은 면적에 흰색과 회색을 즐겨 쓰는 편이다.

# 인테리어 정돈하기

지금껏 말한 인테리어 법칙을 바탕으로 집을 어떻게 가꾸면 좋을지 생각해보자.

## 물건 줄이기

먼저 물건을 줄여 군더더기 없는 공간을 만든다. 쓰지 않는 물건은 정리하고 생활감이 느껴지는 물건은 눈에 띄지 않게끔 안쪽에 수납한다. 단순함과 복잡함 중에서 단순함에 무게 중심을 둔다. 눈에 밟히는 부분을 하나둘 지워나가는 '빼기' 작업이 핵심이다. 물건을 정리하는 방법은 제2장을 살펴보기 바란다.

## 디테일이 돋보이는 가구 들이기

이제 단조로워진 공간에 복잡함을 추가한다. 먼저, 필요한 가구와 생활용품 중에서 써보고 싶었던 것들을 집에 들인다. 나는 형태가 단순하면 소재는 감촉이 살아 있는 것을 고르는 편인데, 예를 들면 이렇다.

- 겉으로 세월이 묻어나 멋스러운 앤티크 가구
- 옹이가 있거나 나뭇결이 살아 있는 원목 가구
- 금속, 유리, 모르타르처럼 다른 소재를 섞어 만든 가구

이런 가구를 들여 균형을 맞춘다. 앞서 말했듯 새 가구뿐 아니라 쓰면 쓸수록 멋이 나는 가구도 함께 들이면 좋다.

한편, 의자는 집 인테리어의 격을 높이기에 좋은 아이템이다. 두루두루 살펴보고 마음에 드는 의자를 들이기 바란다. 어떤 책에서 읽었는데 북유럽 가구로 유명한 덴마크 사람들은 첫 월급을 받으면 가장 먼저 의자를 산다고 한다. 얼마 안 가 망가지는 조악한 것이 아니라 품질 좋은 의자를 사서 대물림하는 문화라고 한다. 의자는 소파와는 달리 공간을 덜 차지해서 좁은 집에 두기도 좋고 인테리어 분위기를 내기도 좋다. 조형적으로 아름다워 오브제처럼 둘 수도 있다.

## 식물 들이기

키 큰 식물을 두면 공간에 색채가 더해진다. 잎과 줄기의 생김새에 따라서 공간이 적당히 복잡해지고 정취도 느껴진다. 식물은 다양한 방법으로 인테리어에 활용할 수 있다. 둘 곳이 넉넉하고 여백이 있다면 키가 150cm를 넘는 화분이 보기 좋다. 우리 집에는 파키라가 있다.

화분을 집에 들이기 망설여진다면 꽃병에 꽃꽂이하는 방법도 있다. 우리 집에는 종종 유칼립투스 구니를 화병에 꽂아둔다. 신선하고 생기 넘치는 초록색을 보고 있으면 눈의 피로도 풀리고 원래 허브로 쓰이는 만큼 가까이 다가가면 좋은 향기가 나는 점도 마음에 든다. 봄에는 미모사, 여름에는 등대꽃나무 등 계절에 따라 식물을 바꿔 꽂아두면 집 분위기를 손쉽게 바꿀 수 있다.

# 창가 정돈하기

보통 가정집 창문에는 커튼을 단다. 하지만 나는 커튼이 영 마음에 들지 않는다. 부드럽고 형태가 일정하지 않아 투박하게 느껴진다고나 할까.

거슬러 올라가면 커튼은 서양에서 시작된 것이다. 돌로 마감된 벽과 바닥에는 커튼의 부드러움이 딱 좋은 균형감을 만들어주지만, 나무처럼 부드러운 느낌을 내는 소재로 마감된 공간에 달면 부드러움이 과해진다. 앞서 말한 딱딱함과 부드러움의 균형이 무너지고 만다.

나도 커튼을 꽤 여러 개 달아보았다. 시중에 판매되는 커튼도 달아보았고 요즘엔 천의 질감을 바꿔가며 달아보기도 했다. 전보다는 나아졌지만 여전히 고개를 갸웃할 때가 있다. 그래서 커튼은 기본적으로 열어둔다. 그렇다면 차라리 커튼을 떼고 창문에 아무것도 달지 않으면 어떨까? 스웨덴 같은 북유럽에서는 커튼을 달지 않는 집도 많다고 하니 말이다.

하지만 아무래도 바깥의 시선이 신경 쓰인다. 그래서 밝은 낮 동안 시선이 신경 쓰이는 창문에는 허니콤 블라인드를 달았다. 부직포 재질의 블라인드에 빛이 들면 안정감 있는 가로줄 그림자가 부드럽게 번진다.

커튼보다 단단하고, 일반 블라인드보다는 부드럽고, 롤스크린에 비해 디테일이 살아 있어서 인테리어의 균형을 맞추기가 수월하다. 햇빛이 부드럽게 퍼지는 모습이 마치 사찰의 장지 같아서 좋다.

# 좁은 집에는 좁은 집 나름의 요령이 있다

지금 사는 집은 공간 배치가 마음에 들어 이사했는데 각오는 했지만 역시나 좁다. 어떤 가구를 들이면 좋을지 매번 머리를 싸맸다. 시행착오를 거친 끝에 지금은 좁은 것 치고는 마음 편히 쉴 만한 공간이 되었지만 말이다.

사실 흔히 말하는 인테리어 노하우는 어느 정도 넓은 집에 해당하는 이야기여서 좁은 우리 집에 활용하기에는 다소 무리가 있음을 깨달았다. 아무래도 좁은 집에 들일 가구를 고르는 요령은 따로 있는 모양이다. 도심에 산다면 나와 마찬가지로 가구를 고르는 데에 애먹는 사람이 많을 것 같다. 그래서 좁은 집에 놓을 가구를 고르는 내 나름의 노하우를 적어보려 한다.

먼저 사람이 느끼는 넓이와 실제 넓이에는 차이가 있다. 면적은 비슷한데 실제 면적보다 더 넓어 보이는 집이 있는가 하면 왠지 모르게 좁아 보이는 집도 있다. 집 전체에서 받는 인상으로 넓고 좁은지를 판단하기 때문이라고 한다. 쉽게 말해 탁 트여 보이게 연출하면 넓어 보인다는 뜻이다. 시각적으로 넓어 보이게 해주는 가구를 고르는 방법을 생각해보았다.

## ① 용도의 겸용

먼저 물건의 양. 자고로 가구 수가 적어야 말끔해 보인다. 그래서 여러 용도로 쓸 수 있는 가구를 들여서 가구 수를 줄이는 게 집을 넓어 보이게 하는 가장 쉬운 방법이다.

예를 들면 우리 집은 다이닝 테이블에서 식사도 하고, 일도 하고, 차도 마신다. 저마다의 용도로 쓰는 테이블과 책상을 따로 두는 게 아니라 모두 겸용할 수 있는 크기로, 하지만 부담스럽게 크지는 않은 테이블을 골랐다.

소파는 없고 쉴 때는 캠핑 의자를 쓴다. 피크닉과 캠핑에도 쓸 수 있고 쓰지 않을 때는 작게 접어 보관할 수 있다. 가벼우니 들기도 쉽고 좁은 집에 제격이다.

사이드 테이블은 스툴과 의자로 대신하고 있다. 스툴을 의자 옆에 두고 사이드 테이블처럼 쓰거나, 침대 옆에 두거나, 조명이나 아로마 오일을 올려둔다. 물론 앉을 때도 쓴다.

### ② 높은 가구보다 낮은 가구

바닥 면적이 좁으면 물건을 위로 쌓아 올리는 게 효율적일 거라고 생각하기 쉽지만, 키가 큰 가구는 답답한 느낌이 들어서 시선보다 낮은 가구 위주로 고르는 편이다.

침대도 높이가 낮으면 공간이 한층 넓어 보인다. 수납 기능이 있는 침대는 바닥을 다 가려서 답답해 보이기 쉽다. 수납공간을 늘리기 전에 물건 먼저 줄이자.

### ③ 탁 트인 시야

바닥이 훤히 드러날수록 집이 넓어 보인다고 한다. 그래서 나는 되도록 다리가 있어서 바닥이 훤히 보이는 가구를 고른다. 사이드보드, 수납장, 소파는 바닥과 딱 붙어 있어 무게감이 느껴지는 디자인보다 다리가 있어서 몸체가 바닥에서 멀리 떨어진 디자인이 말끔해 보인다.

다리가 가느다라면 더욱 좋다. 테이블과 의자 다리가 굵직해 존재감을 뽐내는 디자인보다 가늘고 시원하게 뻗은 디자인을 고른다. 단, 중후한 느낌은 덜하니 너무 가벼워 보이지 않게 조심해야 한다.

덧붙이자면 이건 가구 고르는 노하우라기보다는 가구 배치 노하우인데, 집이 탁 트인 느낌을 주려면 발코니로 향하는 시선을 가로막지 않아야 한다. 가구를 둘 때 의식해보자.

### ④ 수평 라인 맞추기

가구 높이를 맞춰 수평 라인을 강조해보자. 제각각이었던 가구 높이를 비슷하게 맞추면 시각 정보가 정리되어 말끔해 보이고 가로로 곧게 뻗은 선이 탁 트여 보이게 하는 효과도 있다.

### ⑤ 방 귀퉁이와 벽에 간접 조명

방 귀퉁이와 벽에 조명을 두면 반사되는 불빛 덕에 공간이 넓어 보인다. 구체적으로는 플로어 조명과 테이블 조명을 벽 쪽에 붙여두고, 벽을 향해 관절 램프를 비추면 좋다.

후크 또는 돌출된 곳에 고정할 수 있는 집게 조명과 행잉 조명도 세 들어 사는 집에서 활용해볼 수 있는 근사한 조명이다.

## 음영을 만드는 조명 노하우

우리 집에는 형광등이 없다. 온 집 안이 훤히 밝은 것보다는 전구 빛이 직접 눈에 닿지 않는 간접 조명을 여러 개 두어서 곳곳이 어둑어둑한 상태가 나는 마음이 편하다. 눈은 어둠에 익숙해지기 마련인지라 포근함을 느낄 만큼의 불빛이면 충분하다.

인테리어 분위기는 조명 하나로 꽤 달라진다. 추천하고 싶은 방법은 방에 조명을 하나만 두는 게 아니라 **조명 여러 개를 나누어 두는 거다.**

가정집에는 보통 천장에 조명이 달려있다. 천장 조명은 공간 전체를 밝혀주기 때문에 효율적이지만 모든 공간에 균일하게 불빛이 가닿아 그림자가 사라지니 아무래도 밋밋하고 단조로운 인상을 준다.

그래서 천장 조명을 켜지 않거나 천장 조명의 조도는 낮추고 작은 조명을 공간의 포인트가 될 만한 곳에 놓으면 좋다. 불빛이 여러 개로 나뉘어 강조되는 곳과 어두운 곳이 생기면 입체감이 살아 한층 드라마틱한 인상을 준다.

소설가 다니자키 준이치로가 쓴 《음예 예찬》은 전 세계 조명 디자이너들의 교과서처럼 여겨진다고 한다. 이 책에서 다니자키 준이치로는 아름다움은 물체가 아닌 물체와 물체가 빚어내는 음영의 무늬, 즉 명암에 있다면서 장지에 스미는 빛의 아름다움, 어슴푸레한 공간에 드리운 그림자의 미학을 이야기했다.

내가 그림자의 아름다움에 빠진 건 어느 사찰에서 부드러운 햇빛이 빚어낸 다다미의 표정을 보았을 때였다. 장지 바깥의 빛이 사찰 안을 향하자 다다미 위에 그림자의 그러데이션이 번졌다. 사찰 안으로 어렴풋이 닿는 햇빛이 다다미의 눈금과 맹장지의 질감을 한층 돋보이게 해주는 게 아닌가. 나는 늘 관광 시즌이 지난 겨울에 교토를 찾는데 일본 가옥의 표정을 다채롭게 비춰주는 부드러운 겨울 햇빛이 좋아서인지도 모르겠다.

이런 그림자의 아름다움을 집 조명으로 가져와 일부러 빛이 닿지 않는 곳을 만들어 무딘 빛이 살짝 비치게끔 만드는 거다. 천장 등을 켜면 음영이 생길 여지가 사라지니 간접 조명 여러 개를 두어 빛을 나눈다.

하염없이 머물고 싶은 공간에는 어떤 조명이 있는지 유심히 살펴보자. 카페나 호텔 라운지에도 이런 간접 조명들이 불을 밝히고 있는 경우가 많다.

하지만 책 읽기 불편하고 식사도 제대로 하지 못할 만큼 어두우면 곤란하니 필요한 곳에는 알맞게 조명을 비춘다. 필요한 만큼의 빛이 들지만 불필요한 빛은 없는 공간, 보고 싶은 것은 보이지만 불필요한 것은 보이지 않는 공간이었으면 한다.

이른바 TAL(Task Ambient Lighting) 조명 방식이라고 하는데 방 귀퉁이에는 어둑어둑하고 따스한 계열의 플로어 조명(Ambient)을, 테이블에는 요리를 비춰주는 펜던트 조명(Task)을 두는 식이다.

# 빛의 중심을 낮게

의자에 앉았을 때 아늑함을 느끼려면 조명 높이를 낮춰 천장을 점점 어둡게 하는 게 좋은 것 같다.

잡지에서 봤는지 책에서 봤는지 가물가물하지만, 사람의 활동은 태양의 움직임과 밀접한 관련이 있어서 조명 역시 감정에 어느 정도 영향을 미친다는 글을 읽은 적이 있다. 낮에는 머리 위에서 쏟아지는 밝은 빛을 받으면 뇌가 활성화되고 해가 진 뒤에는 노르스름한 불빛을 내려다보면 마음이 편해진다는 거다. 모닥불을 쬐면 마음이 편안해지는 것도

이 때문인지 모르겠다.

빛과 사람의 이런 관계를 조명에도 응용해보자. 시선보다 낮은 위치에 노르스름한 빛이 도는 램프를 두면 긴장을 풀고 편히 쉴 수 있는 분위기를 만들 수 있다. 우리 집은 펜던트 조명을 길게 늘어뜨리고 거실과 침대 옆에 두는 조명도 시선보다 낮은 곳에 두었다.

빛의 색감도 중요하다. 하얀빛이 도는 주광색은 교감신경을 자극해 뇌를 활성화하기 때문에 업무 책상에 제격이지만 침실처럼 편히 쉬고 싶은 공간에는 노란빛이 좋다. 물론 일할 때도 노르스름한 조명이 있어야 마음이 놓이는 나 같은 사람도 있지만 말이다.

# 휘게를 만드는 캔들

휘게라는 말이 한때 세간을 휩쓴 적이 있었다. 휘게란 '편안한 공간', '기분 좋은 시간'을 뜻하는 덴마크어인데 덴마크 사람들은 이를 무척 중요하게 여긴다고 한다. 휘게에서 절대 빼놓을 수 없는 것이 바로 캔들이다. 겨울이 긴 덴마크에서는 촛불을 켜놓고 휘게 라이프를 즐기는 게 일상이라고 한다. 지금부터는 내가 평소 캔들을 어떻게 쓰는지 소개하려고 한다. 참고로 나는 일본 전통 양초도 좋아하는데 사용 방법은 크게 다르지 않다.

### ① 식탁 분위기 내기

차를 마시고 식사하는 테이블에 높이가 저마다 다른 캔들을 여러 개 올려두면 입체감이 살고 리듬감이 생긴다. 식탁에는 향이 없는 캔들이 좋다.

### ② 창가에 장식

창가에 캔들 불빛이 반사되어 비치면 꽤 아름답다. 북유럽에서는 주로 창가에 캔들을 둔다고 한다.

### ③ 긴장을 풀어주는 반신욕 시간

욕실 불을 켜는 대신 유리병에 담긴 향초를 욕실에 가지고 들어간다. 흔들리는 불꽃과 향기가 하루의 피로를 싹 날려준다.

### ④ 잠들기 전 심신 안정

덴마크에서는 낮이든 밤이든 촛불을 켠다고 한다. 불만 밝혀도 은은한 불빛과 온기가 감돌아 식탁도 안락한 공간이 된다. 그들에게 이제 캔들은 없으면 안 되는, 생활의 일부라고 한다.

다양한 캔들 중에서도 **가장 쓰기 편한 건 티 캔들을 캔들 홀더나 내열 유리 제품 안에 넣고 불을 붙이는 방식**이다. 투명한 유리에 반사되어 은은하게 번지는 빛과 그림자를 즐기기 좋다.

조금 큰 캔들로 분위기를 내고 싶을 때는 필라 캔들이 제격이다. 클래식한 원기둥 모양의 필라 캔들은 불을 붙이지 않고 그냥 놓아두기만 해도 멋스럽다.

글라스 캔들은 캔들 홀더가 따로 필요하지 않아 그대로 원하는 곳에 두면 된다. 향이 첨가되어 향기까지 함께 즐길 수 있는 제품도 있다.

# 상상력을 자극한다
# 공간의 여백이

아름답게 느껴지는 그래픽 디자인에는 여백이 있다. 여백의 중요성은 이미 많은 디자인 책에서 언급하고 있는 대로다. 또, 건축에서는 여백을 두고 공간에 '틈'이 있다고 말한다. 그리고 편안함이 느껴지는 공간에는 바로 이 틈이 어김없이 갖추어져 있다.

**일부러 텅 빈 곳을 만들어서 전체의 아름다움을 표현하는 것은 일본 특유의 연출 방식**이라고 할 수 있다. 도코노마가 대표적인 예다. 여백이 있어서 꽃병에 꽂힌 꽃이 빛을 발한다. 이와 마찬가지로 텅 빈 공간이 있기에 놓아둔 가구가 빛난다. 공간 전체가 모두 아름답게 정돈된다.

공간의 여백은 상상력을 자극한다. 쓰임이 따로 없는 애매한 공간을 굳이 만들어보자. 그러면 공간이 눈에 들어올 때마다 쓰임을 생각하게 되고 어떤 가구를 놓고 어떻게 꾸미면 좋을지 상상력에 불이 켜진다. 이렇게 상상하는 시간도 제법 즐겁다.

우리 집에는 거실로 쓰는 공간과 침실로 쓰는 공간 사이를 이어주는 공간이 있는데 일부러 아무것도 두지 않고 훤히 비워두었다. 의자를 끌고 와 앉아 바깥을 바라보거나, 책을 읽고 스트레칭을 하거나, 때로는 다이닝 테이블을 가져와 식사를 하기도 한다. 그때그때 기분에 따라 활용할 수 있고 굳이 무언가를 하지 않아도 시각적으로 여유로워 보인다.

이 공간은 내 생각에도 유연함을 선사해 종종 새로운 생활 아이디어의 영감을 준다. 여백 그 자체는 별다른 의미가 없지만 그렇기에 가능성이 넘쳐나는 공간인 것 같다.

좁은 집일수록 생활을 즐기려면 상상력이 필요하다. 상상력의 원천은 쓰임새가 따로 없는 공간의 여백에 있는 게 아닐까?

# LDK 시점에서 벗어나기

일본에서는 인터넷으로 부동산 정보를 검색할 때 보통 'LDK(거실Living, 식당Dining, 주방Kitchen이 하나로 이어져 있는 공간을 뜻하는 부동산 용어다. 1LDK는 LDK에 방 하나가 딸린 집을, 2LDK는 방 두 개가 딸린 집을 일컫는다.)'를 기준으로 살핀다.

그런데 방의 개수를 기준으로 살 집을 찾는 게 나는 늘 불편했다. 물론 부동산업자가 수많은 집을 분류할 때는 효율적이긴 하지만, 집에서 살 입장에서 집을 찾거나 집을 지을 때 방 개수를 기준으로 삼으면 고정관념에 얽매이기 쉽다.

이를테면 거실과 주방을 합한 공간에 침실과 아이 방이 필요하니까 2LDK여야 한다는 생각은 틀린 건 아니지만 생활 방식의 가능성을 조금 성급하게 좁혀버리는 게 아닌가 싶다. 도심에는 상대적으로 좁은 집이 많은데 필요한 방을 먼저 배치하고 나면 집이 갑갑하고 불편하게 느껴지기 쉬우니 말이다. 물론, 집이 넓다면 이야기는 달라지겠지만.

그럼 어떻게 하는 게 좋을까. 방 개수에 연연하지 말고 넓은 공간을 닫지 않고 열어는 두되 느슨하게 나누는 방법도 생각해볼 수 있지 않을까? 공간을 방으로 나누고 벽으로 구분하면 선택할 수 있는 라이프 스타일의 폭이 좁아지고, 답답해 보이고, 환기하기도 힘들다.

## 보일 듯 말 듯 한 공간 만들기

먼저 시선을 부드럽게 차단해서 공간을 살짝 가리는 방법을 생각해볼 수 있다.

'공간을 훤히 보이게 오픈하는 것보다 보일 듯 말 듯 가리는 게 집을 효과적으로 넓어 보이게 하는 비결이다.'《집짓기의 기본》이란 책을 쓴 건축가 안도 가즈히로의 말이다.

공간을 방으로 나누어 벽으로 막으면 갑갑해지니 시선을

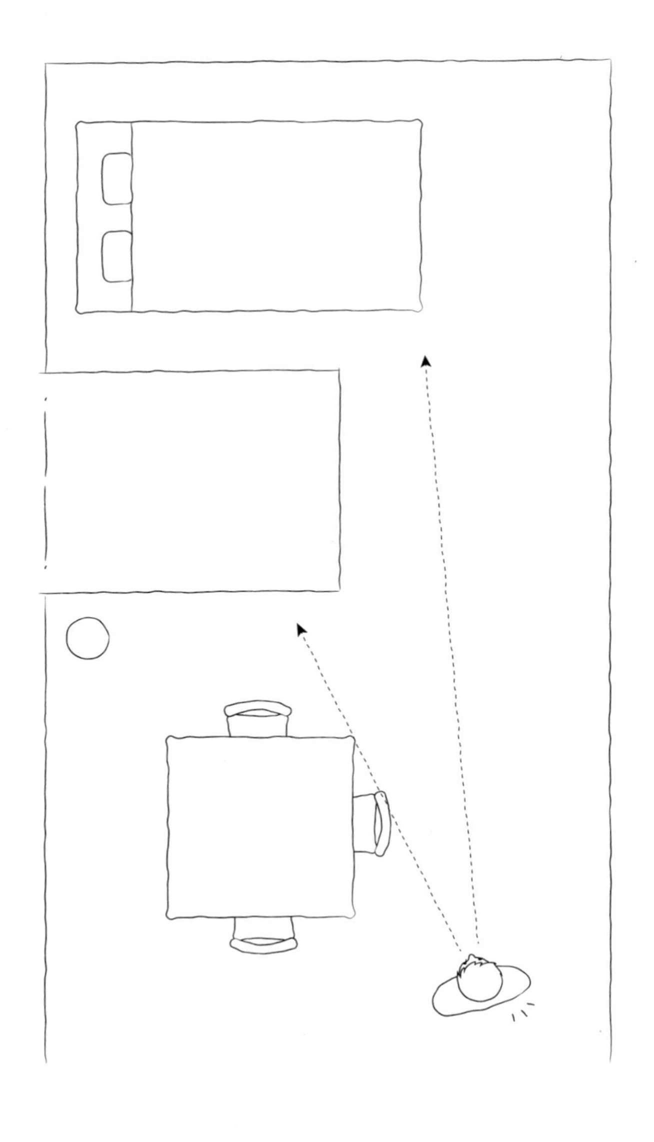

차단하면서도 개방감은 살리는 거다. 그러면 공간을 구분지을 수도 있고 넓어 보이기까지 한다.

우리 집은 현관을 들어서면 주방, 거실, 침실로 쓰는 공간이 문이나 벽 없이 하나로 이어져 있다. 다만 집 한가운데에 난 발코니가 침대로 향하는 시선을 가려준다. 공간이 느슨하게 나누어진 덕에 집 안쪽에는 아늑히 머물 수 있는 침실 공간이 생겼다. 안쪽에 무언가가 있다는 기대감이 들어 개방감이 느껴지고 넓어 보인다.

만약 여기에 문을 달면 시선이 머무를 곳이 사라졌을 거고, 또 발코니가 없는 단순한 구조였다면 안까지 훤히 들여다보이는 단조로움 때문에 집이 넓어 보이지 않았을 거다. 보는 이에게 상상의 여지를 남겨주는 구조라 할 수 있다.

### 바닥 단차로 공간 나누기

집 내부에 약간의 단차를 두는 사례를 건축 잡지에서 흔히 볼 수 있다. 탁 트여 보이면서도 공간을 뚜렷이 구분해주기 때문에 실제 사는 사람에 따라 다양하게 활용할 수 있다.

우리 집은 주방으로 쓰는 공간과 거실로 쓰는 공간에 단차가 있다. 주방 공간은 원래 현관의 연장선에 있어서 신발을 신어야 하는 공간이었는데 활용하기가 쉽지 않아서 패널을 깔아 주방으로 쓰고 있다. 이렇게 바닥 높이가 다르면 눈에 들어오는 모습도 달라져서 공간이 나뉘어 있는 듯한 느낌이 든다.

이 밖에 실내에 유리 통창이나 유리창이 달린 가벽을 설치하는 방법도 있다. 공간이 완전히 오픈되어 있으면 냉난방 효율이 떨어질 수 있는데 가벽이 있으면 개방감은 물론 냉난방 효율도 챙길 수 있다.

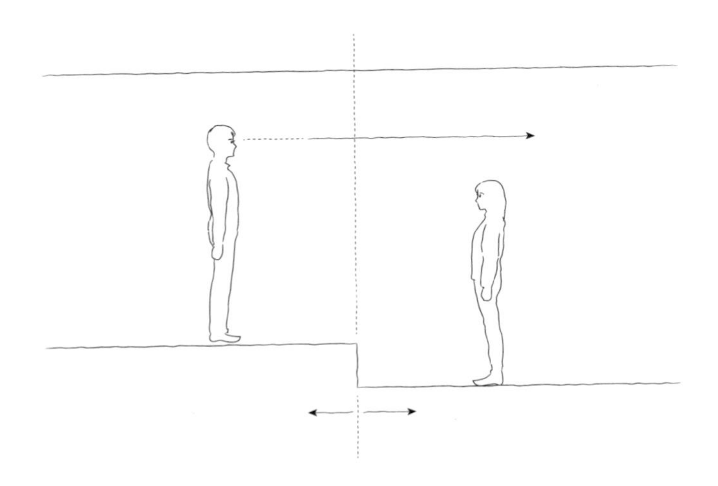

## 임대 집에서 실천하기

지금까지 소개한 방법은 단독주택을 짓거나 집을 리모델링할 때나 쓸 수 있지 남의 집에 세 들어 살 때는 힘들지 않겠냐는 볼멘소리가 들리는 것도 같다. 하지만 방법은 있다.

DIY 상품 중에는 천장과 바닥을 단단히 지탱해 가벽을 세울 수 있는 디아월이라는 상품이 있다. 벽에 구멍을 낼 필요가 없어 세 들어 사는 집이어도 괜찮다. 조금 더 튼튼하고 세련된 분위기를 내고 싶다면 금속 재질로 된 가벽도 있다.

바닥 단차도 얼마든지 DIY로 만들 수 있다. 다다미 평상을 활용하면 단차를 만들 수 있다.

에필로그

# 워크 앤드 라이프 하모니

이상적인 일상과 이상적인 업무 방식을 추구하는 건 내 평생의 과제이고, 이 책은 나의 이런 바람을 끊임없이 추구해온 기록이기도 하다.

일상과 일은 수레의 양쪽 바퀴와 같아서 따로 떼어놓고 이야기할 수 없다. 어떻게 지내고 싶은지 고민하다 보면 나의 생활에 맞추어 어떤 식으로 일하면 좋을지도 자연스레 곱씹어보게 된다.

지극히 평범하지만 겨울에는 오키나와에서 바다를 바라

보고 여름에는 야쓰가타케산(나가노현에서 야마나시현에 걸친 화산대로, 특히 여름 피서지로 유명하다.)에서 산을 바라보며 지내고 싶다. 이런 바람을 실현하기 위해선 시간과 장소에 얽매이지 않고 일을 할 수 있어야 하고 기왕이면 여유를 만끽할 수 있는 시간도 넉넉했으면 좋겠다. 이렇게 생각을 이어가다 보면 라이프 스타일에 대한 내 생각은 늘 벽에 부딪치고 만다.

경제적 자립을 이루어 조기 은퇴한다는 뜻의 'Financial Independence, Retire Early'에서 앞 글자를 딴 파이어(FIRE) 족 생활 방식이 주목받고 있다. 쉽게 말해 조기 퇴직인데, 나 역시 일찌감치 퇴직하면 산더미처럼 쌓인 일에서 벗어나 꿈에 그리는 생활을 마음껏 누릴 수 있을 거라 생각했다.

그런데 조기 퇴직한 이의 말을 들어보니 좋았던 건 퇴사하고서 2주 정도에 불과했다고 한다. 아침에 일어나 빈둥빈둥 지내다 보면 저녁이고, 딱히 할 일이 없으니 타성에 젖어 술을 홀짝이는 매일. 이런 날을 되풀이하다 보니 서서히 우울감이 찾아왔다고 했다.

인간은 사회적 동물인지라 사회와의 접점이 필요하고 나도 누군가에게는 도움이 된다는 효능감도 필요하다. 이런 의미에서 이상적인 생활이란 '일을 하지 않는 생활'이 아니라 '내가 하고 싶은 것을 일로 삼을 수 있는 생활' 아닐까. 이

것이야말로 내가 그토록 꿈꿔온 일의 방식이다.

이 책에서는 내가 좋아하고 나에게 소중한 것은 무엇인지, 좋아하지 않는 것과 소중하지 않은 것은 무엇인지 아는 것이 중요하다는 점을 이야기하고 싶었다. 일단 나 자신을 알고 나면 타인의 평가에 연연하지 않고 내 마음에 솔직하게 취사선택하면 된다. 이게 바로 내가 생각하는 단순한 생활이자 단순하게 일하는 방식이다. 이런 생활을 가로막는 무언가가 있다면 성심성의껏 지워나가고 싶다.

심플리스트에게 업무는 더 이상 하기 싫은 것이 아니다. 일상과 일은 원하는 삶을 그려나가기 위한 수단이고 일의 가치는 돈보다는 보람과 즐거움에 있다. 잠자는 시간을 빼고는 모두 취미고 일이고 일상인, 일과 일상이 어우러진 '워크 앤드 라이프 하모니'라는 생활 방식과 비슷하다.

일과 일상이 조화롭게 어우러지면 좋겠건만 나에게는 아직 멀게만 느껴진다. 하고 싶은 일은 너무 많고 시간은 부족하니 지금은 그저 1인 악덕 기업이나 다름없다.

좋아하는 일을 업으로 삼는다 해도 스트레스가 아예 없을 수는 없다. 일에는 고객이 있기 마련이고 고객에게 피해를 줄 수는 없으니까. 그렇다고 자는 시간까지 줄여가며 일에 몰두하는 생활이 마냥 좋은 건 아닌 것 같다. 앞서 이야기했듯 마음에도 여백이 필요하다.

언젠가 혼자서 껴안기 버거워지는 날이 오면 일이든 물건이든 속 시원히 비우고 다시 가뿐해진 다음, 내 마음에 귀 기울여 새로운 일과 삶의 방식을 찾으면 된다.

쌓아 올린 것을 껴안고 지내는 삶보다 쌓은 것을 내려놓기도 하면서 유연하게 모습을 바꾸어가는 삶이 더 홀가분하고 즐겁다. 나의 라이프 스타일이 앞으로 어떻게 바뀌어 갈지 스스로도 기대가 된다.

2022년 3월 좋은 날에

# 단순한 삶이 나에게 가져다준 것들

**초판 1쇄 발행일** 2024년 4월 15일

**지은이** 토미
**옮긴이** 백운숙
**펴낸이** 유성권

**편집장** 윤경선
**책임편집** 조아윤 **편집** 김효선
**해외저작권** 정지현 **홍보** 윤소담 박채원 **디자인** 이선주
**마케팅** 김선우 강성 최성환 박혜민 심예찬 김현지
**제작** 장재균 **물류** 김성훈 강동훈

**펴낸곳** ㈜이퍼블릭
**출판등록** 1970년 7월 28일, 제1-170호
**주소** 서울시 양천구 목동서로 211 범문빌딩 (07995)
**대표전화** 02-2653-5131 **팩스** 02-2653-2455
**메일** loginbook@epublic.co.kr
**포스트** post.naver.com/epubliclogin
**홈페이지** www.loginbook.com
**인스타그램** @book_login

• 이 책은 저작권법으로 보호받는 저작물이므로 무단 전재와 복제를 금지하며 이 책 내용의 전부 또는 일부를 이용하려면 반드시 저작권자와 ㈜이퍼블릭의 서면 동의를 받아야 합니다.
• 잘못된 책은 구입처에서 교환해 드립니다.
• 책값과 ISBN은 뒤표지에 있습니다.

**로그인** 은 ㈜이퍼블릭의 어학 · 자녀교육 · 실용 브랜드입니다.